건축가 아빠가 들려주는

건축 이야기

건축가 아빠가 들려주는

건축 이야기

이승환 글_나오미양 그림

나무를 심는 사람들

친숙하지만 어려운 건축의 세계

우리 모두는 건축과 아주 친숙하다. 낮에 대부분의 시간을 보내는 학교나 직장도, 밤에 지친 몸을 누이고 쉬는 집도 모두 건축으로 이루어져 있다. 하지만 친숙한 만큼 딱 필요한 것 이상을 알기는 쉽지 않다. 건축은 산업이자 동시에 예술이며 인간의 삶과 사회를 반영하는 복합적인 문화적 산물이기 때문에, 단순히 쓰기 편하거나 불편하다는 판단만으로는 부족한 '그 너머의 무엇'이 있다는 이야기다.

건축에 어렴풋이 관심을 갖기 시작한 청소년들에게 '그 너머의 무엇'이 구체적으로 어떤 것들인지 짐작하게 해 주는 책이 지금까지 딱히 없었던 것 같다. 이 책을 통해 건축의 겉모습이나 단편적인 인상을 넘어 정말 건축가들이 고민하는 지점을 찾아서 쉬운 말들로 전해 주고 싶었다. 물론 건축가마다 고민이 같을 수는 없기 때문에 무리해서 객관적인 입장을 취하려 하지 않았다. 따라서 이 책이 전하는 이야기는 절대적인 진리나 사실이라기보다는 어떤 건축가의 주장 정도로 보는 것이 맞을 것이다. 대신 그러한 주장에 이르는 과정을 음미하며 따라가 주면 좋겠다. 나름 일하는 틈틈이 노력을 기울여 글을 쓰긴 했지만, 여전히 청소년들의 눈높이에 맞지 않는 대목들이 눈에 띈다면 모두 필자의 능력 부족 탓일 것이다.

동시에 이 책은 세 아이의 아빠이기도 한 건축가가 아이들에게 들려주는 이야기이기도 하다. 아빠가 하는 일과 고민을 이해했으면 하는 바람과 함께, 약간의 사심을 담아 건축가라는 직업에 대해 관심도 가지게 되었으면 하는 기대를 품으며 글을 썼다.

'건축과 무엇'이라는 형식으로 모두 일곱 개의 주제를 준비했는데, 그 주제들이 체계적이거나 일관성 있는 분류 방식을 따르고 있는 것은 아니다. 건축이 관계를 맺고 있는 영역들이 워낙 방대하기에, '지금', 그리고 '여기' 가장 의미가 있다고 생각하는 주제를 우선 추려서 정리했다.

첫 번째 주제인 '건축과 건축가'는 건축가라는 직업에 대한 이야기로, 이 책이 건축가를 중심으로 건축 이야기를 풀어 나가겠다는 방향 설정과도 같다. 두 번째 주제인 '건축과 양식', 그리고 세 번째 주제인 '건축과 지역'은 각각 시간과 장소에 대한 이야기다. 말하자면 모든 존재의 기본이 되는 물리적 좌표에 관한 이야기인 셈이다. 네 번째 주제인 '건축과 전통'은 시간과 장소를 현재의 우리나라에 한정 지어 생각해 보기 위해 마련했다. 다섯 번째 주제인 '건축과 도시'는 건축의 스케일에 대한 이야기임과 동시에 건축과 관련 깊은 다른 분야로 이야기를 확장하기 위한 시도다. 여섯 번째 주제인 '건축과 공공'은 건축의 사회적 역할에 대한 이야기로 최근 늘고 있는 공공건축에 대한 관심을 반영했다. 마지막 주제인 '건축과 디지털'은 설계 방법론에 대한 이야기이자 새로운 미학에 대한 진단이기도 하다.

이 책은 이렇게 일곱 개의 주제로 마무리가 되지만, 사실 '건축과 무엇'이라는 형식으로 이어질 수 있는 주제는 끝이 없다. 이번에 하지 못한 이야기는 언젠가 올지도 모를 다른 기회로 미루어 둔다.

건축은 어렵다. 당연히 건축가 또한 쉽지 않은 직업이다. 온갖 까다로운 조건을 다 맞추면서도 그럴듯해 보이는 건물 하나를 그려 내는 일은 현업 건축가로서 늘 하는 일이지만 버겁게 느껴질 때가 많다. 타고난 재능만 있다고 되는 일도 아니고, 또 노력한다고 언제나 좋은 결과가 보장되지도 않는다. 대학에서의 건축 교육이 중요하긴 하지만, 어렸을 때부터 건축에 관심을 가지고 자신만의 경험과 생각을 차곡차곡 쌓아 가는 것만큼 좋은 훈

련은 없다. 만약 건축가에 대한 꿈을 어렴풋이 안고 이 책을 펼쳤다면, 그런 과정에 작은 길잡이가 될 수 있기를 기대해 본다.

마지막으로 든든한 파트너이자 동료 건축가인 아내 보림과, 나의 이야기를 들어 주었고 또 앞으로 들어 줄 준수, 준하, 준희 세 아이들에게 사랑과 감사의 말을 전한다.

2022. 4. 건축가 이승환

건축가는
어떤 일을 하는 사람일까?

잘 알고 있겠지만, 아빠의 직업은 건축가야. 아빠의 평소 모습을 보고 건축가에 대해 어떻게 생각하는지 짐작하려니 약간 걱정이 되는구나. 주말에도 쉬지 않고 일만 하는 사람? 여행 가면 놀지 않고 건축물만 찾아다니는 사람? 같이 있을 때 그런 모습만 보였다면 미안해.

건축가로서 아빠가 하는 일을 쉽게 설명하자면, 건물을 설계하는 일이야. 건물을 설계한다는 것이 정확히 어떤 일인지 차근차근 설명할 필요가 있을 것 같구나. 먼저 건물을 짓기 위해서는 여러 사람들의 노력이 필요하다는 것부터 말해야겠다. 혼자서는 사실 거의 불가능한 일이지. 여러 사람들이 맡은 역할이 다 있는데, 각자의 자리에서 상대방의 영역을 존중하며 일을 해야 좋은 건물이 나올 수 있어. 그럼 잠깐 어떤 역할들이 있는지 간단하게 알아볼까?

첫째로 어떤 건물을 지을지 결정하고 이를 위해 필요한 비용을 부담하는 '건축주'가 있어. 건축주는 개인일 수도 있고, 회사일 수도 있지. 만약 공공 기관이나 국가 단체라면 그 건물은 시청이나 도서관 같은 공공 건축이 되겠고.

그다음으로는 건물을 설계하는 '설계자'가 있어. 이 역할을 하는 사람이 바로 건축가야. 이게 바로 아빠가 하는 일이지. 건축주가 어떤 필요에 의해 건물을 짓겠다고 마음을 먹고 나면, 그다음 할 일은 원하는 방향으로 어떻게 건물을 지을지를 결정하기 위해 건축가를 찾는 일이야. 건축가는 전문 지식과 능력을 최대한 발휘해서 주어진 조건에 맞게끔 건물을 꼼꼼하게 디자인한단다. 시간이 오래 걸릴뿐더러, 다른 분야의 전문가들과 긴밀하게 협력을 해야만 제대로 건물을 설계할 수 있어.

건축가는 이렇게 설계한 내용을 도면과 문서로 정리해서 '시공자'에게 전달하지. 시공자는 주어진 예산을 가지고 설계 의도에 맞게 건물을 짓는 일을 해. 대개는 설계보다 시간도 더 오래 걸리고, 당연한 이야기지만 비용도 훨씬 더 많이 들어간단다. 설계에 비해 오류를 수정하기가 훨씬 더 어렵기 때문에 매우 신중하게 진행되어야 해.

마지막으로 '감리자'라는 역할이 있는데, 간단히 말하면 건축주의 편에서 시공을 감독하는 일을 하는 사람이야. 설계자가 설계한 내용을 가장 잘 알기 때문에 감리를 겸하는 경우도 있지만, 서로 견제할 수 있도록 설계자와 감리자를 분리하자는 주장도 있어.

이 모든 과정에서 건축가의 역할은 아주 중요해. 물론 아빠가 하는 일이라서 약간의 과장이 있을 수도 있다는 걸 참고해서 들어 줘. 보통 사람들은 건물의 가치를 그 땅이 가진 조건에 의해 매겨진 값어치와 건축물을 짓는 데 들어간 비용을 합해서 생각해. 부동산이 뭔지 알지? 땅이나 그 위에 지어진 건물처럼 움직일 수 없는 재산이야. 부동산을 사고파는 시장에서 가격은 이런 방식으로 정해져. 물론 돈을 많이 들이기만 하면 멋있고 가치 있는 건축물을 만드는 일은 그리 어렵지 않아. 하지만 대부분 건물을 지으려는 건축주는 예산, 즉 쓸 수 있는 돈이 정해져 있어. 그래서 공간을 어떻게 배치해야 효율적으로 크고 넓게 만들 수 있을지, 그리고 좋은 재료를 어디에, 어떤 방식으로 쓸지를 결정하는 것이 중요한 거야. 건축가가 하는 일이 바로 이런 것이지. 간단히 말해서 똑같은 비용으로도 설계를 어떻게 하느냐에 따라 건축물의 가치는 완전히 달라진다는 말씀.

이것뿐만이 아니야. 건축은 바로 생활, 나아가 삶을 담는 그릇

건축가가 설계한 집(아이디알 건축사사무소 설계, 사진 ⓒ노경)

동네의 평범한 집

이라고 해. 그렇기 때문에 건축가는 높은 차원에서 더 많은 것들을 고민하고 결정을 내려야 하는 거야. 건축을 예술이라고 하는 것도 바로 이런 이유 때문이지. 그런데 건축가는 과연 무엇을 고민하는 걸까? 이제 그런 것들에 대해서 이야기해 보려고 해.

먼저 건축가는 아름다움과 실용성의 가치를 모두 이해하고 이것을 건물을 설계하는 과정에서 모두 담아낼 줄 알아야 해. 사실이 두 가지가 바로 디자인이라는 분야의 기본 원칙이야. 공예나 시각디자인, 산업디자인도 마찬가지인 거고. 보통 아름다움과 실용성은 서로 충돌한다고들 생각하지. 아름다움만 추구하면 실제로 쓰는 건 불편하다거나, 사용하기 편한 건 보기가 썩 좋지 않다거나 하는 식으로 말이야. 완전히 틀린 말은 아니야. 그런 부분이 분명히 있지. 하지만 정말 많은 고민을 하다 보면 아름다우면서도 쓰기 편한 무언가를 만들어 낼 좋은 방법이 생각나기도 한단다. 건축 설계가 어렵고 또 시간이 많이 걸리는 이유 중의 하나인 거지.

또 건축가는 사람에 대해서 깊이 이해하고 있어야 돼. 사람에 대해서 이해를 한다는 것은 단지 생활하는 방식을 잘 안다는 것만을 말하는 게 아니야. 아까 건축은 삶을 담는 그릇이라고 했지? 그러니까 건축가는 삶에 대한 태도, 그리고 쉽지는 않겠지만 그 바탕에 깔린 철학을 이해하고 있어야 한다는 거야. 그렇기 때문에 어떤 건축가는 집을 설계할 때 그 건축주를 이해하기 위해서 많은 노력과 시간을 쓰기도 해. 결국 집은 건축주의 정신세계를 반영한 것이기도 하고, 거꾸로 그 사람의 정신세계에 영향을 주기도 하니까 그만큼 신중하게 설계를 해야 하는 거지. 왠지 모르게 특별한 느낌을 주는 공간에 가 본 경험이 있다면 무슨 말인지 알 거야. 그런데 국민 대부분이 표준화된 아파트에서 살기를 원하는 우리나라 분위기에선 좀 낯설게 들리는 이야기인가?

또 많은 건축가는 사람들이 모여 사는 도시에 깊은 관심을 가지고 있기도 해. 건축물을 하나 만드는 것은 그 안에 사는 사람들의 이야기를 만드는 것이고, 그 답은 그때그때 다르지만 결국은 하나밖에 낼 수 없지. 하지만 도시는 여러 사람들의 이야기를 담아야 하기 때문에 훨씬 더 복잡할 수밖에 없고, 답도 여러 가지가 가능해. 도시 전문가가 따로 있긴 하지만, 그런 전문가라도 건축의 관점을 이해하지 못한 채 큰 관점에서 여러 가지 논리를 가지고 도시를 계획하게 되면 세부적으로 불합리한 결정들을 내릴 위험이 있어. 그래서 건축과 도시 사이에 다리를 놓는 일도 결국 건축가가 해야 할 일 중의 하나야.

따라서 건축가는 도시라는 복잡한 대상을 제대로 파악하기 위해 역사와 문화, 그리고 사회현상에 대한 이해는 물론이고, 우리가 살아가는 시대의 지향점이 무엇인지에 대한 깨달음을 가지고 있어야 해. 이걸 시대정신이라고 해. 뭔가 점점 더 어렵고 대단한 직업처럼 느껴지니?

인문학적인 바탕뿐만 아니라 자연과 기술에 대한 깊은 이해도 건축가에게 꼭 필요한 덕목이야. 건축은 외부 환경으로부터 보호를 받는 장소를 제공하는 것이 가장 기본적인 목적이기 때문에, 어떻게 기둥을 세우고 지붕을 덮을 것인가 하는 구조적인 문제에서부터 어떻게 열을 차단하고 비를 막을 것인가 같은 현실적인 건축 환경의 문제까지 모두 책임져야 해.

건축가가 이 모든 것을 속속들이 알아야 하는 것은 아니야. 대개 구조나 설비 전문가와 같이 협력해서 하나씩 해결해 나가지. 하지만 그 원리를 이해하지 못하고는 창의적인 해결책을 찾을 수도 없고, 효율이 떨어지거나 아름답지 못한 결과물을 만들 수도 있어. 특히 새로운 시대의 미학은 이런 기술적 혁신이 바탕이 되지 않고서는 만들어질 수 없단다. 게다가 기후 변화와 같은 환경 문제에 대응하려면 에너지를 적게 써야 하는데, 그러려면 역시 최신 기술이 적용된 재료와 공법을 써야 해. 이것도 건축가가 익숙하게 알고 있어야 할 내용 중의 하나지.

마지막으로 정말 중요한 것 하나만 더 이야기해 볼게. 뭐가 또 있냐고? 따지고 보면 모든 직업에 꼭 필요한 건데, 그건 바로 윤리 의식이야. 건축가로서 일을 하면서 공정하고 올바른 판단이 필요한 경우는 참 많아. 한 가지만 예를 들어 볼게. 어떤 건축가가 건축주의 의뢰를 받아 건물을 설계하는데, 건축주가 욕심이 너무 많은 거야. 그래서 이것저것 하자는 대로 설계를 해 놓고 보니, 보기도 흉하고 덩치도 너무 커서 건물이 들어설 거리의 환경이 더 나빠질 게 빤해. 물론 건축법이라는 게 있긴 한데, 모든 경우를 다 따져 가며 만든 것이 아니라서 악용할 만한 허점이 분명히 있거든. 게다가 법을 어겨서 받을 벌보다 돌아올 수익이 더 크다면 작정하고 불법으로 건물을 짓는 경우조차 있으니까.

이럴 때 과연 자기한테 일을 준 건축주에게 이득이 최대한 돌아가도록 해야 할까, 아니면 우리가 사는 거리와 도시가 더 나아질 수 있게 건축주를 설득해야 할까? 이런 어려운 문제를 현명하게 해결하려면 건축가는 반드시 올바른 윤리 의식을 바탕에 갖추고 나서 전문가로서의 능력을 발휘해야 해.

건축가에게 이 모든 지식과 자질이 필요하다니 좀 놀랍지? 아빠의 직업을 너무 대단한 것처럼 표현하는 것 같아서 조금은 낯뜨겁긴 한데, 정말로 일하다 보면 이런 것도 알아야 하나 하는 생각이 들 때가 종종 있어. 자, 이제 건축가라는 직업이 가진 폭 넓은 특징을 보여 주는, 모든 면에서 서로 대조적인 두 명의 건축가를 소개할 차례야. 누구인지 궁금하지?

건축의 인문학자,
렘 콜하스

렘 콜하스는 현존하는 가장 성공한 건축가 중의 한 명이야. 궁극의 완성형 건축가라고나 할까? 1944년 네덜란드에서 태어난 그는 50대 중반인 2000년에 건축의 노벨상이라 불리는 프리츠커상을 받았어. '프리츠커상'은 매년 인류와 환경에 중요한 기여를 한 건축가에게 수여하는 상으로, 세계에서 가장 권위 있는 건축상이야. 렘 콜하스는 특히 도시에 대한 독특한 이해와 모든 가능성의 극한을 탐구하는 실험 정신을 바탕으로 전 세계에 걸쳐 도서관이나 미술관, 공연장과 같은 수많은 프로젝트를 진행했어. 얼마나 프로젝트가 많은지, 1년 중 대부분의 시간을 호텔에서 보낼 정도래. 우리나라에도 그가 설계한 서울대학교 미술관과 광교의 갤러리아 백화점이 있지.

유명한 건축가들 중에 처음에는 다른 일을 하다가 건축으로 방향을 돌린 경우가 꽤 있는데, 렘 콜하스도 마찬가지야. 그는 기자와 시나리오 작가를 하다가 20대 중반 무렵 영국의 건축 학교 AA(Architectural Association) 스쿨에 입학해서 건축을 공부했어. 당시 AA 스쿨은 급진적이고 실험적인 건축 이론을 가르치기로 익히 알려져 있었는데, 열정 넘치는 젊은 건축가 지망생에게 강한 지적 자극을 주기에 부족함이 없었을 거야.

졸업 후 대서양을 건너 뉴욕으로 간 그는 까마득하게 높이 솟은 건물들이 복작복작 서 있는 마천루의 도시로부터 강한 인상을 받아. 자기가 지금까지 살아온 유럽의 도시와 근본적으로 달랐던 거지. 당장 할 프로젝트가 없기도 해서, 콜하스는 책을 하나 쓰기로 마음을 먹었어. 그렇게 나온 게 『광기의 뉴욕』이라는 책이야. 1978년의 일이지, 아마? 기자와 작가라는 과거의 전력 때문이기도 하지만, 엄청난 지식욕으로 독서를 즐겼던 성격 덕에 날카로운 통찰력이 번뜩이는 책이 세상에 나왔지. 이 한 권의 책으로 그는 아주 큰 주목을 받기 시작했어.

건축가라는 직업을 선택하고 나서 어느 정도 안정적으로 사무실을 운영하려면 지속적으로 일이 들어와야 하는데, 대개 처음에는 이름이 알려져 있지 않기 때문에 힘든 시기를 지낼 수밖에 없어. 그런데 콜하스는 이렇게 생각한 것 같아. "내가 유명하지 않아서 일이 없으면, 먼저 유명해지면 되지!"

일단 책 이야기를 꺼냈으니, 콜하스가 이 책에서 어떤 이야기를 하고 있는지 잠깐 살펴보고 넘어가자. 놀랍게도 책의 주장은 사실 알고 보면 아주 간단해. 앞으로 여러 건축가를 소개하면서 이야기하겠지만, 건축가들이 하는 말은 보통 아주 어렵거나 아주 멋지거나, 둘 중 하나야. 아니면 둘 다인가? 어려운 말은 어딘가 멋있어 보이니까. 예를 들자면, 포르투갈이 낳은 세계적인 건축가 알바루 시자는 이렇게 말했지. "건축가는 아무것도 창조하지 않는다. 다만 실재를 변형할 뿐이다." 뭔가 멋있기는 한데, 그

렘 콜하스와 『광기의 뉴욕』 표지

래서 건축이 어떻다는 건지 딱히 떠오르지는 않지?

그런데 콜하스는 이렇게 말해. "뉴욕이라는 어마어마한 밀도의 현대 도시를 가능하게 한 건 바로 엘리베이터다!" 대단한 건축가의 주장치고는 너무 시시하고 당연한 이야기라고? 보통 사람이 대뜸 이런 말을 하면 그렇게 들리겠지. 그런데 그는 이런 주장에 이르기 위해 치밀한 분석을 바탕에 깔고 시작해. 맨해튼의 격자형 가로망과 건물들의 형태가 어떤 역사적인 개발 과정을 거쳐 만들어졌는지 꼼꼼하게 추적한 거지. 건축가답게 멋진 그림들도 곁들여 가면서 말이야.

콜하스가 정말 영리한 것은 엘리베이터가 지상의 모든 층들을 땅으로부터 멀어지게 함으로써 결국에는 자유로워질 수 있게 만들었다는 단순한 결론을 앞에 내세우면서도, 그 뒤로는 무한히 증식하는 밀집의 문화 현상으로서 도시를 바라보려는 인문학자의 지적 탐구를 담으려 했다는 거야. 책을 좀 보다 보면 결코 만만한 내용이 아니라서 사람들은 결국 이 사람이 무슨 말을 하는 건지 관심을 가지고 더 들여다볼 수밖에 없게 돼.

책뿐만이 아니야. 콜하스의 건축을 자세히 보면 또 얼마나 매번 프로젝트를 위해 깊게 고민하면서 작업을 하는지 놀라게 돼. 물론 잘하는 건축가치고 고민의 깊이가 얕은 건축가는 없지만, 이 사람은 도시와 문화 현상에 대해 가장 첨단에 서서 이론과 실천을 동시에 진행하고 있다고 할 수 있지. 특히 어려운 철학적 개념을 현실적인 도시와 건축의 문제를 푸는 실마리로 쓰는 데 놀라운 감각이 있어. 좀 어려운 내용이지만, 최대한 간단히 설명해 볼게.

20세기 프랑스에 질 들뢰즈라는 유명한 철학자가 있었는데, 이 철학자는 개별적인 사물보다는 그것들이 맺고 있는 관계에 대해 고민했어. 그리고 사물의 본질이 아니라고 무시되던 우연,

현대미술 갤러리로 사용되는 쿤스탈은
주변 환경과 건물 사이의 관계를
치밀하게 고려해 설계되었다.

건물이
네모네모하네!

렘 콜하스가 설계한
쿤스탈의 위상학적 다이어그램

저 입구로 들어가서
걸어 다니다 보면
어느새 저 언덕 아래로
내려가게 된다고!

걷기 싫은데!

사건, 순간 같은 개념을 철학의 중요한 대상으로 가지고 왔지. 콜하스는 바로 이런 철학적 개념이 복잡한 현대 도시를 바라보는 중요한 관점이 될 수 있다고 생각한 거야.

콜하스는 일단 도시와 건축의 관계를 고민하고 둘을 하나의 연결된 대상으로 보았어. 그리고 기울어진 판이라든가 내외부 사이의 경계, 비어 있는 공간과 같은 건축 요소들이 서로 연결되고, 관통하고, 또 겹쳐지는 방식으로 주변 환경과 관계를 만들어 나가면서 우연한 사건들을 만들고 또 받아들일 수 있는 공간이 만들어진다고 생각했지. 이런 접근을 어려운 말로 '도시 위상학'이라고 해. 도시가 가진 여러 가지 문제들을 해결할 수 있는 새로운 방법을 주장한 거지. 이렇게 철학적 주제의 본질을 꿰뚫어 보고 그 개념을 실제 건축으로 만들어 낸 건축가는 그리 흔하지 않아.

이 건축가의 작품은 나중에 도시와 건축을 이야기하면서 다시 살펴보기로 하고, 다음으로 또 다른 성격의 건축가를 만나 보자.

렘 콜하스의 **또 다른 책 이야기**

콜하스의 유명한 책 하나만 더 소개할게. 1995년에 나온 『S,M,L,XL』이라는 책이야. 두께가 7cm를 넘고 1,300쪽에 이르는 어마어마한 책이지. 제목을 보면 뭐가 떠올라? 옷 가게에 가서 몸에 맞는 옷을 고를 때 보던 옷 사이즈가 생각나지? 그래, 이 책은 기본적으로 크기, 즉 스케일scale에 대한 책이야. 그러면서 콜하스가 세운 설계사무소 OMA(Office for Metropolitan Architecture)가 지난 20여 년간 이룬 건축 작업을 크기별로 분류해서 소개하고 있어.

이 책에는 보통 건축가들의 작품집처럼 설계 의도를 설명한 글이나 형식에 맞는 도면이 없어. 현란한 이미지와 스케치, 선언문이나 여행의 단상 같은 짧은 글들로 이루어진 그래픽북이라고 봐야 해. 한 쪽씩 천천히 음미하기보다 휘리릭 넘겨 보면서 저자가 의도한 인상을 받도록 만들어진 거지. 어떤 사람은 겉멋만 잔뜩 부린 허영심의 결과라고도 하고, 어떤 사람은 이미지를 빨리 소비하는 현대 사회의 속성을 정확하게 꿰뚫어 본 천재적인 작업이라고도 해. 누구 말이 맞는지는 잘 모르겠지만, 한 가지 확실한 건 책이 엄청 많이 팔렸다는 사실. 초판은 프리미엄이 붙어 몇 배 가격으로 중고 거래가 된다나?

20세기의 르네상스맨, 버크민스터 풀러

사실 건축 공부를 하면서 버크민스터 풀러라는 이름을 듣기는 쉽지 않아. 세계적으로 유명한 스타 건축가라고 할 만한 렘 콜하스와는 대조적이지? 게다가 풀러를 건축가라고만 부르기도 참 애매해. 왜냐하면 그는 건축가인 동시에 공학자이자 철학자, 미래학자, 사상가라고 불릴 정도로 다양한 업적을 남겼거든. 한마디로 인간과 환경을 걱정한 천재적 발명가라고 하면 좀 더 이해가 쉬울 거야.

혹시 동그랗게 생긴 과천과학관의 천체투영관이나 서울랜드의 정문 뒤에 서 있는 둥근 돔 모양의 지구별 기억나니? 작은 삼각형을 여러 개 연결해서 구면을 만드는 이런 구조물을 '지오데식 돔geodesic dome'이라고 해. 이런 방식을 처음 제안하고 실현에 옮긴 사람이 바로 버크민스터 풀러야. 지오데식은 측지선이라는 뜻으로, 구면 위의 두 점을 연결하는 가장 짧은 선을 의미하는데, 단단한 공 위에 못을 두 개 박고 고무줄로 연결하면 만들어지는 선이라고 생각하면 쉬워.

이런 형태를 만들 때 구조 부재가 이 선을 따라 만들어지면 가장 효율적이고 안정적인 구조물이 돼. 각각의 삼각형의 크기가 거의 같기 때문에 구조물의 무게가 골고루 분산되는 효과가 있지.

풀러는 측지선을 결정하기 위해 다면체를 하나 골라 그 면을 이등변 삼각형으로 분할한 다음 다시 그 선들을 구면 위에 투영하는 방식을 고안해 냈어. 다면체는 정이십면체나 축구공 모양

시대를 앞서간 건축가이자 발명가인
버크민스터 풀러

의 준정다면체를 주로 써. 이런 방식의 또 다른 장점은 분할하는 정도를 조절하기 쉽다는 거야. 실제로 인터넷에서 찾아보면 수많은 삼각형으로 촘촘하게 분할된 거대한 구조물부터 큼직한 삼각형으로 만들어진 작은 천막까지 아주 다양한 제품을 만날 수 있어.

지오데식 돔을 만드는 과정

지오데식 돔에 대해서 이렇게 거창하게 설명한 건, 시대를 뛰어넘는 건축물이 태어나기 위해서는 근본이 되는 수학이나 공학에 대한 온전한 이해가 있어야 한다는 말을 하고 싶어서야. 건축과 학생들도 대학에서 수학과 공학을 배우기는 하지만, 일반적인 공학도들에 비해 성취 수준이 낮아. 아빠가 학교에 다닐 때는 건축과 학생들을 위해 개설된 공학수학 수업이 쉽다고 소문이 나서 다른 과 학생들이 신청하는 바람에 건축 전공 학생만 수강하도록 규정을 바꾸기도 했어. 건축 구조를 세부 전공으로 선택해야 비로소 진지하게 공학다운 공학을 배우는 거지.

캐나다 몬트리올에 세워진 바이오스피어 박물관.
1967년 세계 박람회 당시 미국관으로 사용되었다.

어떤 건축가들은 설계는 얼마든지 자유롭게 할 수 있고, 또 그 래야 한다고 주장하기도 해. 뭘 설계해도 어떻게든 구조가 따라 와 현실로 만들어 낼 수 있다고 말이지. 그렇게 틀린 말은 아니 야. 현대 공학과 기술은 과거에 비해 엄청 발전되었고, 덕분에 상 상만 하던 구조물도 척척 만들어 내는 것처럼 보이는 게 사실이 거든. 사람들을 감탄시키거나 깊은 감동을 주는 건축물 중의 적 지 않은 수가 이런 식으로 만들어졌어.

하지만 한편으로는 합리적인 구조 자체가 주는 효율성과 아름 다움을 바탕으로 만들어진 건축물도 있어. 문제는 그런 구조를 어떻게 찾느냐는 거야. 안전만 생각하면 얼마든지 두껍고 튼튼 하게 만들면 되겠지만, 최소한의 비용으로 딱 필요한 만큼의 힘 을 받을 수 있도록 설계하는 것은 완전히 다른 이야기거든. 풀러 는 그의 천재성과 발명가적인 기질을 발휘해서 바로 그런 일을 해낸 거지. 전 세계의 30만 개나 되는 지오데식 돔 구조물이 그 증거고.

1895년 미국에서 태어난 버크민스터 풀러는 젊은 시절, 계속된 실패로 스스로 삶을 끝낼 생각까지 했지만 어느 순간 자신은 혼 자가 아니라 우주의 일부라는 깨달음을 얻었다고 해. 그 이후로 세상을 바꿀 수 있는 발명품들을 만들어 내는 데 몰두했어. 기술혁명을 통해 인류 문명에게 닥쳐올 여러 문제를 해결하려고 한 거지. 그는 지구는 인류가 영원히 거주할 불멸의 땅이 아닌, 유한한 자원을 가진 '우주선'이라고 주장했어. 이러한 관점으로『우주선 지구호 사용 설명서』라는 책도 썼고. 그 외에도 수많은 저서와 특허, 명예 박사 학위가 있고, 여러 차례 세계를 돌며 공개 강연과 인터뷰를 했지. 요즘 흔히 쓰는 '시너지'라는 말도 풀러가 처음 만들었고, 높은 IQ를 가진 사람들의 모임인 멘사의 두 번째 회장을 지내기도 했어. 이런 선구자 같은 기질을 가졌지만, 자신의 아이디어를 실제로 만들어 내는 일은 왠지 주저했다고 해. 렘 콜하스는 자신의 상업적인 가치를 최대로 끌어내는 동물적인 감각을 가졌다면, 풀러는 기술적인 선구자이자 사상가로 남아 있기를 바랐던 것 같아.

유한한 지구의 자원을 최대한 효율적으로 쓸 방법을 고민하던 풀러는 '다이맥션dymaxion'이라는 이름으로 여러 발명품들을 만들었어. 다이나믹dynamic과 맥시멈maximum, 텐션tension의 합성어라고 해. 다이맥션 주택과 다이맥션 자동차, 다이맥션 거주 기계, 다이맥션 화장실, 다이맥션 지도 같은 제품이 있어. 이 가운데 몇 개는 실제 제품으로 만들어져 팔리기도 했지만, 혁신적인 발상에 비해 많이 팔린 편은 아니야.

건축가는 대개 어떤 문제를 해결해야 하는 임무를 맡게 되지.

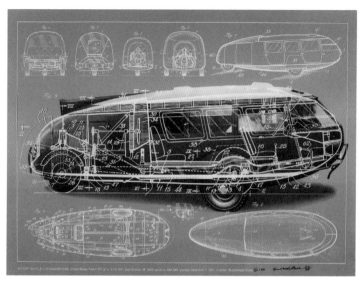

버크민스터 풀러가 설계한 다이맥션 자동차

그것이 당장 건축주의 재산을 늘려 줘야 하는 현실적인 문제일 수도 있고, 도시가 가진 여러 모순을 해결할 좀 더 고차원적인 문제일 수도 있어. 하지만 그 무엇도 우리 인간이 유한한 자원을 가진 지구에서 어떻게 하면 지속 가능한 삶을 누릴 것인가 하는 문제보다 중요하다고는 할 수 없지. 이런 맥락에서 버크민스터 풀러는 선구적인 건축가가 걸어야 할 길을 보여 준 위대한 인물임에 틀림없어. 조금은 이상주의에 치우친 모습일지는 몰라도 말이야.

버크민스터 풀러의 **텐세그리티**

버크민스터 풀러와 관련해서 하나 더 소개할 것은 텐세그리티tensegrity라고 하는 구조 시스템이야. 텐션tension과 인테그리티integrity라는 단어를 합쳐서 만든 말이지. 이 시스템을 체계화해서 발표한 장본인이 바로 버크민스터 풀러야. 건축 구조에는 두 가지 힘이 작용하는데, 하나는 누르는 힘인 압축력이고, 다른 하나는 당기는 힘인 인장력이야. 텐세그리티는 압축력을 받는 막대와 인장력을 받는 줄을 교묘하게 연결해서, 막대와 줄이 끄트머리만 연결되고 중간은 서로 전혀 맞닿아 있지 않게 만든 구조체야.

실제로 만들어진 것을 보면 정말 신기해. 풀러는 이 시스템을 두고 '인장력의 바다 위에 놓인 압축재의 섬'이라고 우아하게 표현했어. 한 가지 결정적인 문제라면, 딱히 써먹을 만한 데가 없다는 것 정도? 지금도 많은 구조 공학자들이 이 놀라운 물건을 어디에 쓰면 좋을지 고민하고 있다고 해.

텐세그리티 구조물

건축과 양식

건축은
왜 시대마다 다를까?

혹시 이런 생각을 해 본 적 있니? 옛날 사람들은 어떤 집에서 살았을까? 옛날 집과 지금 우리들이 사는 집은 어떤 점이 다를까? 만약 이런 질문을 한두 번이라도 해 본 적이 있다면, 앞으로 할 이야기를 훨씬 쉽게 이해할 수 있을 거야.

이번에는 '양식'에 대한 이야기를 해 보려고 해. 양식은 영어로 스타일style이라고 하지. 맞아, 너희가 알고 있는 그 스타일. "야, 너 헤어 스타일 멋지다!" 할 때 쓰는 바로 그 말이야. 보통 사람이 차려입는 방식을 가리킬 때 쓰는 말로 생각하면 쉽지. 스타일은 가만히 있지 않고 시간에 따라 계속 변한다는 특징이 있어. 책장에 꽂혀 있는 옛날 잡지를 들춰 보면 20년 전 연예인들이 입고 있는 옷이나 머리 모양이 어딘지 촌스러워 보이잖아.

그런데 옷이나 머리 모양에만 이런 방식이 있는 게 아니라 건물에도 그 시대에 따라 고유한 짓는 방식이 있어. 어떻게 보면 너무나 당연한 거야. 물론 시대뿐만 아니라 어느 지방, 어느 나라냐에 따라 건물 모양이 달라지기도 하지. 이걸 지역성이라고 하는데, 이 주제에 대해서는 뒤에서 따로 이야기하기로 해. 어쨌든 이번에는 시대에 따라 건물의 모양이 어떻게 달라졌는지, 그리고 그렇게 되는 데는 어떤 이유가 있는지를 들여다보자고.

먼저 일러둘 것이 있어. 뭐냐 하면, 앞으로 다룰 시대 구분과 건물에 대한 이야기들이 주로 서양 중심이라는 거야. 왜 그런지 간단하게 설명해 볼게. 지금 우리가 사는 사회는 수백, 수천 년 전 과거와 비교해 보면 엄청 달라. 전 세계가 같은 기술과 지식, 기준을 공유한 상태에서 서로 만든 상품을 소비하고 서비스를 주고받으며 살아가고 있어. 바로 이런 토대를 18세기 산업 혁명을 통해 서양 문명이 만들어 낸 거야.

19세기와 20세기에 걸쳐 이런 거대한 변화를 많은 나라들이 받아들였는데 이걸 근대화라고 해. 근대가 가진 성격을 뭉뚱그려서 영어로 모더니즘Modernism이라고 하는데, 사회와 경제, 철학뿐 아니라 예술 전반을 아우르는 매우 중요한 개념이야. 건축도 마찬가지지. 근대화 이전에는 각 나라마다 그들만의 방식으로 건물을 만들어 왔지만, 근대화를 거치면서 일종의 표준화,

↑ 프랑스 파리의 노트르담 성당(화재 이전의 모습)
⇓ 서울 여의도의 빌딩들

즉 양식의 통일이 이루어졌어. 좋건 싫건 우리가 사는 현실이 그래. 우리 전통 건축에 대한 이야기는 또 다른 주제니까 이것도 뒤에서 다룰게.

근대 이전에 서양 건축은 어땠을까? 기둥이 늘어선 그리스 신전이나 중세 유럽 성당의 모습을 떠올리는 게 어렵지 않을 거야. 한눈에 봐도 옛날의 서양 건축과 지금의 건축은 확연히 구분이 돼. 중세의 성당을 하나만 떠올려 보자고. 디즈니 만화로 널리 알려진, 그리고 몇 년 전 큰 화재로 전 세계인을 안타깝게 했던 파리의 노트르담 성당은 어떨까? 정교한 조각들이 눈이 아플 정도로 빽빽하게 새겨진 벽면과 온갖 색깔의 유리로 화려한 그림이 그려진 둥근 창은 그 자체로 감동을 자아내는 예술품이지.

그런데 요즘 건물들은 어때? 유리와 금속으로 만들어진, 깔끔하지만 어딘가 밋밋하고 차가운 도시의 빌딩들을 생각해 봐. 물론 모양과 재료가 달라서 그렇기도 하겠지만, 노트르담 성당에서 볼 수 있는 장식이 없지. 그래, 건축 양식을 이해하는 데 있어서 가장 중요한 한 가지를 꼽으라면 바로 장식이야. 결국에는 장식에 대해서 어떤 태도를 취하느냐에 따라서 건축 양식이 정의된다고 해도 지나치지 않을 정도야.

그런데 장식에 대한 태도가 왜 중요할까? 바로 사람들에게는 그들이 사는 시대의 가치, 시대가 가진 정신을 표현하고 싶은 기본적인 욕구가 있기 때문이지. 장식에 대한 태도가 그 수단이 되는 거고. 상대적으로 자연과 인간에 대한 관심이 많았던 고대 그리스의 건축에는 자연의 요소를 모방한 장식이 있고, 종교적 열망이 강했던 중세 유럽의 건축에는 온갖 종교적 상징들이 담겨 있는 것에는 이런 이유가 있는 거야. 현대는 어때? 어떤 비평가는 네모난 창이 반복적으로 뚫린 고층 건물의 모습을 보고 모든 구성원을 평등하게 취급하는 민주 사회의 이념이 투영되어 있다고도 말해. 너무 지나친 상상 아니냐고? 그럴지도 몰라. 같은 건물을 보고 각각의 개성이 무시된 전체주의 사회를 떠올린다 해도 반박할 수 없으니. 하지만 둘 다 현대 사회가 한때 가졌거나 지금 가지고 있는 사회적 사상이긴 하니 어느 쪽이든 시대정신이 반영되었다는 말이 틀린 건 아닌 것 같아. 이런 특징은 비단 건축뿐만이 아니야. 어떤 분야의 예술이든 그 시대를 지배하는 정서가 강하게 배어 있기 마련이지. 스타일, 즉 양식이란 이런 식으로 만들어지는 거야.

또 하나, 양식에 있어서 중요한 건 바로 기술이야. 옷감에서부터 전자 제품에 이르기까지 사람이 만드는 모든 것은 기술에 의존하기 마련인데, 건축은 그 안에 사람이 들어가서 살아야 하기 때문에 무너지지 않게 안전을 확보하는 기술이 반드시 필요했

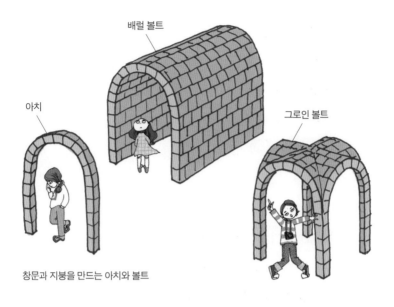

배럴 볼트

아치

그로인 볼트

창문과 지붕을 만드는 아치와 볼트

어. 하지만 시대와 장소에 따라 건축에 쓸 수 있는 기술이 한정되어 있었지. 서양 문화의 뿌리라고 할 수 있는 지중해 지방은 비교적 다루기 쉬운 대리석이 많아서 돌로 건물을 짓는 것이 일반적이었는데, 가장 중요한 숙제는 창문, 조금 전문적인 말로는 열린 부분을 일컫는 '개구부'를 만드는 방식이었어.

처음에는 그리스 신전의 형태처럼 촘촘한 기둥 위에 수평의 석재를 얹는 수법을 썼는데, 로마 시대가 되어 돌을 사다리꼴로 잘라서 곡선 형태로 잇는 아치 형태가 널리 퍼졌지. 중세와 근세로 넘어와서 기하학에 대한 이해가 깊어지면서 3차원 형태의 아치인 볼트나 돔이 만들어지기도 했고. 우리가 지금도 가끔 볼 수 있는 아치 형태에는 이런 역사가 있는 거야. 그냥 보기 좋으라고 만든 게 아니라 과거에 깔끔하게 창과 지붕을 만들 수 있는 가장 현실적이고 효율적인 방법이었던 거지. 무엇보다 급진적인 기술의 발전은 근대, 즉 모더니즘 건축을 가능하게 했던 철근 콘크리트의 발명이었는데, 과거로부터 이어진 건축의 조건을 송두리째 바꾸어 놓았어.

하나 더 덧붙이고 싶은 양식의 특징은 과거에 대한 참조야. 무슨 뜻이냐고? 간단히 말해서 옛날 것을 가져오는 거지. 어떤 이유에서든 지금의 시대적 가치와 일치하는 과거의 문화가 있다면 그걸 적극적으로 재활용하는 거야. 그대로 베낀다기보다 당대의 조건에 맞게 재해석하는 거지. 어떤 면에서는 참 효율적이지? 심지어 고대 그리스와 로마의 인본주의 문화는 15세기 르네상스에 한 번, 18세기 신고전주의로 또 한 번, 무려 두 번이나 참조의 대상이 되었어. 괜히 그때를 서양 문화의 뿌리라고 부르는 것이 아니야.

역사와 전통이라는 것은 문화 공동체의 무의식에 뿌리 깊이 박힌 정서를 건드리는 특징이 있는데, 쉽게 감성적인 자극을 불러일으키는 힘이 있어. 특히나 유럽은 여러 나라로 이루어져 있지만 오랜 세월 동안 서로 싸우고 화해하기를 반복하며 역사를 공유해 온 터라 이런 역사적 접근이 쉽게 호응을 불러올 수 있지.

유럽인들이 건너가서 나라를 세운 북아메리카도 마찬가지이고. 하지만 조심할 것은 문화적 공감대가 약한 다른 문화권에서는 역효과가 날 수도 있다는 점이야.

마지막으로 서양의 건축 양식이 가진 재미있는 특징을 하나 더 알려 줄게. 로마네스크, 고딕, 르네상스, 바로크, 로코코, 신고 전주의, 모더니즘, 포스트모더니즘 등 양식의 종류는 참 많은데, 크게 두 가지 경향으로 나눌 수 있단다. 하나는 담백하고 장식이 많지 않으며 기능과 형식을 중요하게 생각하는 쪽이고, 다른 하나는 화려하고 장식을 많이 사용하며 표현과 파격을 중요하게 생각하는 쪽이야.

재미있는 점은 건축 역사를 들여다보면 완벽하게 들어맞지는 않지만 대개 이런 두 가지 서로 상반된 경향이 번갈아 나타났다는 거지. 옷으로 따지자면 한참 스키니진이 유행하다가 좀 질릴 때쯤 되면 통이 넓은 바지가 유행하는 것과 비슷하달까? 사람이 한 가지에 오랫동안 만족하지 못하는 건 그 대상이 뭐든 마찬가지인 것 같아. 그럼 한 가지만 물어볼게. 지금 건축은 어느 쪽인 것 같니? 담백한 형식주의? 아니면 화려한 표현주의?

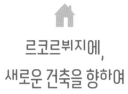

르코르뷔지에,
새로운 건축을 향하여

건축 양식이 어떤 건지 조금은 감을 잡았을 테니, 건축 역사상 가장 큰 변혁을 가져왔던 양식인 모더니즘과 이 시기를 대표하는 건축가에 대해서 좀 더 이야기해 볼게. 모더니즘 건축은 사실 근대의 정신이 싹트기 시작할 무렵인 19세기 중반부터가 아니라 20세기가 되어 몇몇 혁신적인 건축가들의 손을 거쳐 기틀이 확립되었지. 철학, 미술, 문학 등 다른 분야의 모더니즘도 마찬가지로 똑같은 시기에 시작된 것이 아니라 앞서거니 뒤서거니 하며 시간 차를 두고 발전했어. 왜냐하면 이런 문화적 변화가 일어나기 위해서는 사회, 경제, 그리고 기술의 변화가 먼저 축적되어야 하는데, 각 분야마다 이러한 조건으로부터 받는 영향의 정도가 다르기 때문에 자연스럽게 시간 차가 생기게 되거든.

어쨌든 모더니즘 건축이 가능하게 된 바탕으로 당시에 있었던 세 가지 변화를 말할 수 있을 것 같아. 먼저 철근 콘크리트의 발명. 사실 콘크리트는 아주 오래전부터 있었는데, 철근이라는 전혀 성질이 다른 재료와 결합해서 이전의 방식으로는 만들 수 없던 아주 튼튼한 재료를 만들게 되었어. 19세기 중반에 일어난 일이지. 역사적으로 대부분의 발명은 그 시대 사람들이 그 발명의 의미를 이해하고 널리 기술을 전파할 때 의미를 갖게 되는데, 철근 콘크리트는 여기에 딱 들어맞는 경우야.

또 한 가지는 새로운 미학인데, 주로 미술에서 이러한 변화가 감지되었지. 그러고 보니 여기에도 새로운 기술이 원인을 제공한 셈이네. 바로 사진술이 그 주인공이야. 그 이전에는 미술의 역할이 현실을 그대로 재현하는 것이었지만, 19세기 초 발명된 사진술이 그 역할을 가져가면서 미술이 새로운 길을 찾아야 하는 상황에 놓이게 되었지. 미술의 역사를 다룬 책을 보면 옛날에는 한눈에 봐도 뭘 그렸는지 알 만한 그림들을 많이 그렸는데 점점 현대로 넘어오면서 뭘 그렸는지 도통 알 수 없는 그림들이 많아지잖아? 사진술이 등장하면서 전통 미술이 생존 전략을 찾느라 이렇게 되었다고 생각하면 바로 이해가 될 거야. 이런 경향을 '추상abstraction'이라고 하는데, 대상이 가진 본질을 최대한 단순하게 표현하는 기법이야. 이게 왜 모더니즘 건축이 추구하는 바와 궁합이 잘 맞는지는 마지막 변화를 설명하면서 이야기할 수 있을 것 같아.

모든 양식이 시대 정신을 반영한다고 했는데, 근대는 산업 혁명과 자연에 대한 이해를 바탕으로 얻은 지식과 기술, 가치관으로 인간 사회가 새로운 시대를 향한 희망을 마음껏 품던 시기였어. 물론 그 길은 두 차례의 세계 대전으로 몇십 년을 우회하게 되었지만 말이야. 모더니즘 건축의 세 번째 변화로 꼽을 수 있는 것은 바로 비역사주의, 즉 역사로부터의 단절이었어. 새로운 생각과 이념을 담기 위해서는 새로운 그릇이 필요했던 거지.

이런 생각은 구체적으로 과거의 양식이 가지고 있던 장식에 대한 혐오로 나타났는데, 아돌프 로스라는 오스트리아의 건축가는 장식은 죄악이라는, 당시로서는 상당히 극단적인 주장을 펼치기도 했고, 모더니즘의 거장 건축가 중 하나인 독일 출신의 미국 건축가 미스 반데어로에는 '적은 것이 더 풍부하다(less is more)'라는 명언을 남기기도 했지. 이런 열망이 단순화의 길을 열어 주는 추상이라는 기법과 만났으니 얼마나 신이 났겠니.

지금부터 소개할 건축가 르코르뷔지에는 모더니즘의 거장 건축가 중 가장 중요한 인물이야. 아마 이런 평가에 토를 달 건축가는 거의 없을걸. 1887년 스위스에서 샤를 에두아르 잔느레라는 이

모더니즘을 대표하는 건축가 르코르뷔지에

름으로 태어났고, 프랑스를 배경으로 본격적인 건축가로서 활동할 무렵 르코르뷔지에라는 예명을 지었지. 외할아버지의 이름을 살짝 변형한 것이라고도 하고 까마귀 닮은 사람이라는 말처럼 들리기도 하는 이름이래. 당시에 소위 예술을 하는 사람들은 흔히 이런 식으로 이름을 붙였다고 해. 인터넷을 찾아보면 동그란 안경을 쓴 사진이 많은데, 요즘 건축가들도 비슷한 안경을 쓴 사람들이 꽤 있으니 그만큼 건축가로서 가장 이상적인 모델이 아

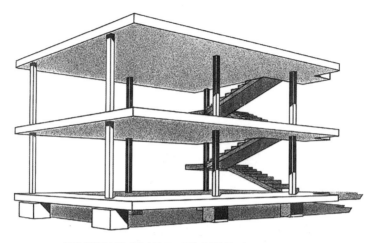

모더니즘 건축의 바탕이 된 르코르뷔지에의 돔-이노Dom-Ino 시스템

닐까 싶어.

작품이 워낙 유명해서 하나하나 설명하고 싶은 마음이 굴뚝같지만, 사실 그보다 더 중요한 걸 먼저 짚고 넘어가자. 위 그림을 잘 봐. 요즘에는 건물 짓는 공사 현장이면 어렵지 않게 볼 수 있는 모습이지. 그런데 이 그림이 당시 유럽 건축의 모든 것을 송두리째 바꿔 놓았어. 간단히 말하면 기둥으로 각 층의 바닥을 받치는 방식인데, 이게 가능해진 건 앞에서 꼽았던 철근 콘크리트의 발명 덕분이야. 예전과는 비교할 수 없을 정도로 단단한 재료이기 때문에 기둥이 가늘고 간격이 멀어도 건물 전체의 무게를 견딜 수 있는 거지. 그럼 이게 뭘 가능하게 했을까? 그걸 하나하나

콕콕 집어 모더니즘 건축의 다섯 가지 원칙으로 정리한 사람이 바로 르코르뷔지에야.

예전 건물들은 지붕이나 바닥의 무게를 벽이 담당했는데, 기둥이 그 역할을 대신하면서 벽은 훨씬 얇아질 수 있었고 따라서 막힘 없이 아무 데나 지나다닐 수 있게 되었지. 르코르뷔지에는 이걸 자유로운 평면이라 불렀어. 건물의 한 층을 위에서 본 걸 평면이라고 하는데, 벽이 자유로워지면서 아무 데나 원하는 크기로 방을 만들 수 있게 된 거야. 똑같은 이유로 벽에 창문도 자유롭게 만들 수 있게 되었어. 심지어 건물 옆을 빙 둘러서 마치 건물이 가로로 잘린 것 같은 띠 모양의 창을 만드는 것도 가능해졌지. 예전에는 돌을 쌓아서 육중한 건물을 지탱하느라 아래층으로 가면 갈수록 벽은 점점 두꺼워지고 창은 작아졌거든. 그러니 이 새로운 기술이 얼마나 혁명적이었겠니. 1층은 아예 건물을 들어 올려서 사람들이 쉽게 오갈 수 있게 만들고, 평평해진 지붕에는 정원을 만들어 집주인만의 외부 공간을 만들자고 제안했지.

지금까지 말한 것들, 즉 자유로운 평면, 자유로운 입면, 수평 띠창, 필로티, 그리고 옥상 정원이 바로 르코르뷔지에가 주창한 모더니즘 건축의 다섯 가지 원칙이야.

이런 그의 주장이 한데 모여 만들어진 작품이 '빌라 사보아'라는 집이야. 젓가락처럼 얇은 기둥에 올라간 순백색의 상자 같은

르코르뷔지에의 후기 대표 작품 롱샹 성당

크고 긴 창문 덕분에 실내에서도 환하겠는걸!

모습이지. 지금 보아도 촌스럽거나 어색한 느낌이 들지 않는, 모더니즘 건축의 상징과도 같다고나 할까? 그런데 재미있는 사실은 건축주가 집이 불편하고 비가 샌다며 여러 차례 불만을 토로했다는 거야. 별장으로 사용하기 위해 지은 집이라고 해도 실제 거주한 기간이 길지도 않았고. 현재는 문화유산이 되어 전시관으로 운영되고 있지. 아무리 모더니즘 건축의 신처럼 추앙받는 건축가의 대표 작품이라고 해도 진정 집주인을 위한 집을 지었느냐는 건 별개의 문제일지도 몰라. 이건 정말 건축가로서 진지하게 고민해야 하는 문제야.

르코르뷔지에가 주창한 모더니즘 건축의
다섯 가지 원칙이 모두 적용된
초기 대표 작품 빌라 사보아

날렵한 기둥이
큰 건물을
떠받치고 있어!

비록 기능주의를 표방하긴 했지만 후기로 갈수록 그의 작품은 형태적으로 자유로워지면서 표현주의적 성향을 띠기 시작해. 롱샹 성당은 산꼭대기에 지어진 작은 교회인데 평평하거나 직각을 이루는 벽과 지붕이 하나도 없어. 그걸 모두 콘크리트로 지었다고 생각하면 정말 놀라워. 내부는 모든 구석이 정교하게 연출되어 환상적인 빛의 유희를 보는 느낌이지. 이런 변화는 그 폭이 꽤 커서 같은 건축가의 작품이 맞는지 의문이 들 정도지만, 역사로부터의 단절이라는 원칙을 지키고 있다는 점에서 여전히 모더니즘의 테두리 안에 있다는 걸 알 수 있어. 아니, 차라리 그의 작업이 모더니즘을 정의한다고 하는 게 맞을지도 몰라. 그만큼 르코르뷔지에는 격동의 시기 한복판에서 찬란히 빛났던 뛰어난 건축가였으니까.

회화에도 뛰어났던 **르코르뷔지에**

르코르뷔지에는 건축 작업만 한 게 아니야. 하루의 절반은 화가로서 그림 그리는 일에 몰두했다고 해. 그의 그림은 당시 미술계의 흐름과 마찬가지로 추상화의 경향을 보이는데, 장식을 배제하고 기하학의 원형을 추구한 그의 건축 작업과 일맥상통한다고 할 수 있지. 게다가 그는 기술의 진보가 새로운 미학과 결합하여 새로운 시대를 열 수 있다고 주장했어. 집을 살기 위한 기계라고 부르며 기능주의에 바탕을 둔 기계미학을 정립하기도 했고.

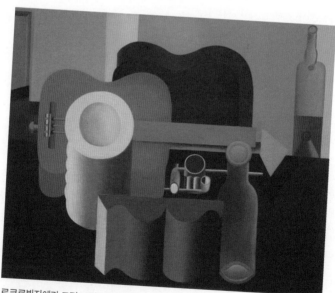

르코르뷔지에가 그린 그림 〈정물〉

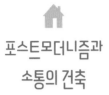

포스트모더니즘과
소통의 건축

르코르뷔지에와 미스 반데어로에, 그리고 핀란드의 알바 알토와 미국의 프랭크 로이드 라이트, 루이스 칸과 같은 거장들의 활약으로 화려하게 막을 연 모더니즘은 세계 건축의 흐름을 단 30, 40년 만에 완전히 바꾸어 놓았어. 지금까지 한 번도 보지 못했던 급진적인 변화였지. 그럼 그렇게 열린 찬란한 모더니즘의 시대가 지금까지 계속되고 있을까?

이렇게 묻는 것을 보니 그렇지는 않은 것 같지? 그래, 맞아. 그런데 자세히 들여다보면 어떤 부분은 그렇고 어떤 부분은 그렇지 않기도 해. 세상의 일이 다 그렇듯 획기적인 혁신은 그것과 관련된 모든 것을 바꾸지만, 그렇게 바뀐 것들에 반감을 느낀 사람들이 다른 대안을 내놓고, 또 그것에 반대하는 사람들이 다른 것을 만드는 일이 반복되어 왔어. 모더니즘 건축에도 똑같은 일이 벌어졌지.

이전까지의 건축은 자기가 속한 나라나 지역의 특색을 가지고 있었지만, 모더니즘 건축은 지역성을 뛰어넘는 보편적인 건축을 추구했기 때문에 세계 어디에라도 지을 수 있다는 엄청난 장점을 가지고 있었지. 이런 점 때문에 모더니즘 건축을 '국제주의 양식'이라고 부르기도 해. 그런데 1950년대가 되면서, 처음 모더니즘 건축이 가졌던 치열한 실험 정신은 간데없고 옹색하고 진부한 형태의 건물이 반복적으로 세워지게 되었어. 미학적 간결함이 값싸고 경제적인 부동산의 논리로 바뀌면서 생긴 결과인 셈이지. 사실 모더니즘 건축은 신기술을 바탕으로 과거와 단절을 선언하고 추상화의 미학을 추구한 모든 건축적인 시도를 다 포함한다고 할 수 있는데, 그 안에

우리나라의 대표적 국제주의 양식 빌딩인 삼일빌딩

는 쉽게 하나로 뭉뚱그릴 수 없는 다양한 경향이 가득해. 알바 알
토는 북유럽의 지역성을 가득 담은 모더니즘을, 후기의 르코르
뷔지에나 프랭크 로이드 라이트는 경제적 간결성으로는 설명할
수 없는 개성적인 형태의 건축 세계를 구축하기도 했지. 비판의
대상이 된 국제주의 양식은 그저 모더니즘 건축의 한 특징에 불

건축 역사가 찰스 젱크스가 모더니즘의 종말을 알리는 사건으로 일컬은 프루이트-아이고
공동주택 단지의 철거

과했지만 속사정이야 어쨌든 사람들은 둘 사이를 구분하지 않은
채 비판의 화살을 쏘아 댔지.

　또 한 가지는 모더니즘이 가진 지나친 계몽주의, 순수주의에
대한 비판이야. 무슨 말이냐고? 르코르뷔지에는 사람들로 붐비
는 기존의 도시를 혼잡하고 지저분하다고 싫어했는데, 실제로

그가 1930년대에 발표한 '빛나는 도시' 계획안을 보면 사람들은
모두 고층 빌딩에 몰아넣고 지상은 광활한 녹지와 직선 도로를
달리는 자동차들로 채웠지. 이게 바로 르코르뷔지에가 생각한
유토피아였던 거야. 이런 대가들의 태도는 좀 과장하자면 '미래
의 도시는 어떠해야 하는지 내가 잘 아니 모두 내 말을 들을지어

다' 정도쯤 되겠지. 이런 걸 계몽주의라고 해.

그런데 정말로 그런 도시에서 살면 행복할까? 혹시 '집은 살기
위한 기계'라는 생각을 가진 건축가가 설계한 도시에서 살면 사람
도 기계가 되는 것은 아닐까? 정말로 우리가 정을 붙이고 살아온,
정다운 이웃들과 눈인사를 하고 안부를 묻던 거리는 이제 더 이상

효용 가치가 없어진 걸까? 대가들이라고 오류를 범하지 말란 법은 없는 것 아닐까? 이런 의문들이 꼬리를 물 수밖에 없었어.

결정적으로 1972년 미국 세인트루이스의 프루이트-아이고 공동 주택 단지의 철거는 모더니즘 건축의 종말을 상징하는 사건이 되어 버렸지. 1955년 모더니즘 건축의 이상에 따라 국제주의 양식으로 지어진 이 아파트 단지는 20년이 채 안 되어 슬럼 지구로 변해 버렸고, 결국 도시에 해를 끼친다는 비판 아래 폭파되기에 이르렀어.

이런 분위기를 타고 모더니즘 건축의 이후를 이야기하는 건축가들이 나타나기 시작했어. 소위 포스트모더니즘Post-modernism 건축의 등장이야. 로버트 벤추리, 찰스 젱크스, 필립 존슨이 바로 그 주인공인데, 그중 찰스 젱크스의 주장을 들어 볼까? 그는 건축을 사회의 의사소통 수단이라고 보았어. 즉 의미를 전달하는 매개체로 본 거야. 오래된 서양 건축에서 그 사례를 찾자면, 영웅의 조각상이 새겨진 신전 같은 거지. 대중들은 그런 신전에서 조각상의 주인공이 행한 영웅적 행동을 떠올리고 뭔가를 느꼈을 테니까 말이야. 그런데 모더니즘의 시대가 열리고 간결함을 추구한다면서 온갖 장식을 빼 버린 무미건조한 건물들이 우후죽순처럼 세워지고 있으니 한탄할 노릇이었을 거야. 더 이상 건축을 통한 의미의 전달이 불가능하다고 판단한 거지.

그렇다고 완전히 과거로 돌아가자고 주장한 것은 아니야. 아까도 말했지만 한번 혁신이 일어나면 다시는 과거로 돌아가지 못해. 찰스 젱크스가 대표적인 포스트모더니즘 건축가로 손꼽은 필립 존슨이 뉴욕 맨해튼에 세운 '550 매디슨 애비뉴'를 보자. 이 빌딩은 얼핏 보면 국제주의 양식과 비슷하게 생긴 판판한 고층 건물인데, 아래층에는 보란 듯 아치와 열주가 붙어 있어. 또 맨 꼭대기는 신전 지붕 모양을 단순하게 만든 페디먼트 장식이 올라가 있지. 고고한 엘리트들의 우월 의식에 젖은 모더니즘 건축의 차가움을 거부하고, 대중의 눈높이에 맞춘 소위 '소통하는 건축'의 상징이 된 거야. 로버트 벤추리는 미스 반데어로에의 명언 '적은 것이 더 풍부하다'를 비꼬아서 '적은 것은 지루하다'라는 말을 만들어 내기도 했어.

모더니즘 건축의 바탕 위에 역사적 맥락을 가진 요소를 슬쩍 가미한 양식의 특성 때문인지, 학계와 전문가들의 호들갑과는 달리 일반 대중이 그 양식적 차이를 깨닫는 것이 쉽지는 않았어. 게다가 필립 존슨 같은 인물은 충실한 모더니즘 건축의 추종자였다가 포스트모더니즘으로 갈아탔고, 나중에는 포스트모더니즘과도 결별을 선언하고 해체주의라는 더 어려운 사조로 넘어갔으니 그만큼 주장의 생명력이 길지 않았을 수도 있고.

⇑ AT&T 본사 사옥으로 사용되었던 '550 매드슨 애비뉴' 건물
⇓ '550 매디슨 애비뉴'의 아치 부분

사실 문제는 포스트모더니즘을 가장한 저급한 상업 건축의 유행이야. 팔아먹기 쉽다는 점 때문에 부동산업자들이 반긴 거지. 말하자면 이것저것을 섞어서 만드는 절충주의적인 양식에서 두루 보이는 약점인데, 최대한 조심스럽게, 그리고 제대로 만들지 않으면 정말 눈뜨고 보기 어려운 값싼 건물들이 될 위험이 커. 게다가 역사적 바탕이 다른 나라에서는 실제 의도와 전혀 다르게 보일 여지까지 있고. 생각해 봐. 아치와 신전 윗부분의 페디먼트가 있는 으리으리한 건물이 서양이 아니라 우리나라에 지어지는 경우를. 도대체 그 건물이 전달하고자 하는 의미가 뭘까? 서양 문물이 역시 우월하다? 그럼 우리나라 전통 건축의 요소를 대신 가져다 붙이면 되지 않느냐고? 그럴 듯한 말이지만 그건 또 다른 문제를 낳을 수 있지. 이 이야기는 나중에 더 하기로 하자.

포스트모더니즘 건축의 성공 여부를 떠나서, 의도했건 의도하지 않았건 어떤 식으로든 건물은 의미를 전달할 수 있고, 건축가는 이걸 염두에 두고 작업해야 한다는 주장은 지금도 유효한 것 같아. 지금 우리가 사는 거리를 다니면서 어떤 건물이 차갑고 무표정하게 서 있는지, 또 어떤 건물이 우리의 감정이나 기억에 메시지를 전달하고 있는지 유심히 살펴보는 것도 재미있겠지?

ㅋ

건축과 지역

건축은 지역에 따라 어떻게 달라질까?

우리가 사는 지구 위에는 많은 나라가 있어. 그런데 건축과 관계가 깊은 걸로 말하자면 나라보다는 지역이라는 개념이 더 중요해. 나라는 복잡한 역사적 사건과 정치적 관계에 의해 만들어지지만, 지역은 기후나 지형과 같은 물리적 환경과 그 안에 사는 사람들이 가진 특징이 바탕이 되거든. 지금까지의 역사로 볼 때 나라는 기껏해야 수백 년 지속되는 반면, 어떤 지역이 가진 고유성은 그것보다 훨씬 길어. 말하자면 생활 방식, 풍습, 언어, 공통의 기억과 같은 것들이지. 결국 이런 것들이 모여서 그 지역의 문화적 정체성을 만드는데, 이걸 간단히 줄여서 '지역성'이라고 해. 사실 지역을 어떤 기준으로 나누는지 정해진 건 없어. 왜냐하면 어떤 것에 초점을 맞추고 보느냐에 따라 지역의 범위가 달라지기 때문이야. 말하자면 우리 동네의 지역성에서부터 우리나라의 지역성, 그리고 더 넓게는 동아시아의 지역성을 모두 생각할 수 있다는 거지.

건축은 이런 지역성과 깊은 관계를 가지고 있어. 어떻게 보면 당연한 거지. 지역성은 생활 방식으로 드러나고, 건축은 생활을 담는 그릇과 같으니까 말이야. 간단한 예를 들어 볼게. 오래된 건축물의 재료를 보면, 여러 가지인 것 같아도 그 기본은 결국 돌과 나무잖아? 그런데 지역마다 자연으로부터 얻는 이런 재료들의 종류와 특징이 다르니 만들어지는 건물도 달라질 수밖에 없어. 뜨거운 여름이 찾아오는 지역은 강렬한 햇빛이 건물 안까지 들어오는 것을 막기 위해 창 위에 차양을 달거나 지붕을 길게 내밀어 만드는 것처럼 말이야. 결국 사람이 사는 집이란 속해 있는 땅과 분리해서 생각할 수 없다는 이야기야.

여기서 중요한 점은 이런 지역성이 드러나는 방식을 두 가지로 나누어 보아야 한다는 거야. 근대 이전에는 대부분의 사회가 계급 사회였다는 것은 알지? 물론 지금도 어느 정도 그런 면이 있기는 하지만, 예전에는 동서양을 막론하고 대부분 지배 계급과 피지배 계급이 명확하게 구분되어 있었지. 지배 계급이 당시의 문화를 대표하고 그들의 이상을 반영하는 고급 건축을 추구했다

1 갈대로 지은 집

페루 티티카카 호수 근처
우루족의 집

이란과 이라크 접경 지역 마시 아랍족의 집

2 진흙으로 지은 집

이란 밤 지역의 집

미국 푸에블로 지역의 집

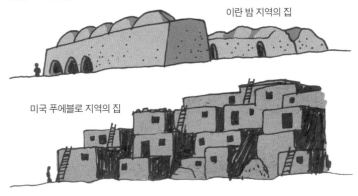

3 밀짚과 나무로 지은 집

아프리카 마사이족의 집   아마존 야구아족의 집

지역의 기후와 재료에 따라 다양한 모습을 보이는 토속 건축
(삽화 참조 : 아모스 라포포트, 『주거 형태와 문화』)

면, 피지배 계급은 생활과 밀접한 관계를 가진 대중적인 건축을 만들었어.

두 가지로 너무 단순하게 나눈 것 같긴 하지만, 이걸 엘리트 건축과 토속 건축이라고 불러. 물론 둘 다 지역성을 반영한 건축이긴 한데, 계급의 지위와 이상을 표현하기 위해 전문 기술을 동원해서 만든 엘리트 건축은 시대를 대표하는 건축 양식을 정의하는 역할을 했다면, 토속 건축은 이런 흐름과는 거리를 두고 실용적이고 생활에 편리한 쪽으로 발달했어. 즉 논리적인 구조를 가지고 아름다움을 추구한 엘리트 건축과는 반대편에 서서, 민중의 삶을 담는 그릇의 역할을 했다는 이야기지. 너무 쉽게 구분해서 설명한 듯한데, 이 세상의 모든 이분법적인 구분은 그 사이에 무수히 많은 단계가 있다는 것을 알아 두어야 해. 그러니까 어떤 대상을 구분하는 기준이 아니라 하나의 현상을 설명하는 두 가지 특징으로 이해하면 될 거야.

이러한 특징은 나라가 걸어온 역사에 따라 차이가 생겨. 예를 들면 근대 이후의 세계 질서를 이끌다시피 한 서구 사회와 스스로 근대화를 이루지 못하고 어려운 시기를 보냈던 나라들 사이에는 커다란 격차가 있다고 봐야 해. 그렇기 때문에 지역성을 제대로 이해하기 위해서는 무엇보다 공동체의 문화나 풍습, 그리고 토속 건축이 가지고 있는 지역 고유의 것이 무엇인지를 이해하는 것이 중요해.

그런데 지역성을 어떤 양식의 형태로 나타나는 전통 건축으로만 이해하려 하면 여러 가지로 골치 아픈 일이 벌어질 수 있어. 왜냐하면 지역성은 땅의 특성으로부터 비롯된 어떤 본질, 또는 핵심적인 요소에 가까운 반면, 양식은 지역성에서 출발하긴 하지만 역사나 정치, 외교 등 여러 복잡한 사회적 조건에 의해 예민하게 변하는 문화적 현상으로 봐야 하기 때문이야. 더구나 우리나라처럼 이웃한 국가와 행복하지 않은 과거가 있었던 경우라면 건물의 형태를 이루는 선의 모양만으로도 국민 정서를 건드리는 불편한 문제가 불거지기도 해. 형태가 사람의 감각에 직접적으로 자극을 주기 때문에 벌어지는 일인 거지. 어쨌거나 사람들이 살았던 전 세계의 모든 지역에는 거의 예외 없이 그 지역 고유의 전통 건축이나 토속 건축이 있다고 봐도 좋아.

그런데 전통 건축이 모더니즘이라는 전례 없는 전 지구적 변혁의 물결에 흔들리게 되었지. 앞에서 설명한 것처럼, 역사와 단절을 선언하고 다가오는 시대의 미학을 추구한 모더니즘은 서양에서 시작했지만 결국 전 세계로 퍼져 나갔어. 과거의 영광을 드러내는 화려한 양식의 전통 건축은 물론, 최소한의 비용으로 지역의 기후를 극복하고 오랜 삶의 방식을 담아내는 낡고 별 볼일 없는 변방의 토속 건축 또한 점차 새로운 미학과 기술의 힘을 등에 업은 세련된 건물들로 교체되었지. 처음에는 놀랍고 신기했지만 점차 반복되는 특징 없고 밋밋한 국제주의 양식의 범람에 사람들의 반감이 커져 갔다는 건 이미 알고 있지?

과거의 양식을 참조하고 변주하는 방식으로 건축의 의미를 되찾으려 했던 포스트모더니즘이 사라지고 나서, 사람들은 건축이 한동안 잊고 있던 지역성에 다시 관심을 보이기 시작했어. 따지고 보면 꽤 오래 걸린 셈이지? 중요한 것은 그렇게 다시 돌아온 지역주의는 새로운 길을 개척할 수밖에 없는 운명이었다는 거야. 이미 모더니즘이라는 거대한 전환점을 돌았는데 어떻게 다시 과거의 방식 그대로 돌아갈 수 있겠어?

1980년대 초반에 케네스 프램튼이라는 저명한 건축 역사가는 이러한 경향에 '비판적 지역주의'라는 이름을 붙였어. 이 새로운 지역주의는 얼핏 보면 모더니즘 건축과 크게 다르지 않아. 건축에 관심이 있다면 한번쯤은 들어 보았을 알바루 시자나 마리오 보타, 안도 다다오 같은 건축가들은 모더니즘의 언어에 정통해 있으면서도 자신에게 주어진 지역성의 핵심을 정확하게 이해하고 이를 자신의 건축에 녹여 냈어.

혹시 변증법이라는 철학 용어를 들어 봤는지 모르겠는데, 독일 철학자 헤겔이 주장한 논리 전개 방식이야. '정正'이라는 기존

빛을 조절하여 일본 건축의 어둑어둑함을 보여 주는 안도 다다오의 '빛의 교회'

부터 유지되어 오던 상태가 있고, 이걸 부정하며 새로운 상태를 제시하는 '반反'이라는 게 등장했다가, 다시 서로 버릴 것은 버리고 취할 것을 취한 '합合'이라는 상태로 나간다는 이론이지. 모더니즘에서 포스트모더니즘, 그리고 비판적 지역주의로의 흐름을 좀 거칠게 말하면 이런 '정반합'의 전개와 비슷하다고 볼 수 있어. 여기서 그들이 주목한 지역성이란 전통 건축의 형태와 같은 겉모습이 아니라 지역의 건축 요소에 깊이 내재된, 사람의 감각에 호소하는 본질적이고 일차적인 특질이야. 말하자면 빛을 사용하는 방식이라든가 재료를 다루는 기술, 땅을 이해하고 접근하는 태도와 같은 거지.

정말 아이러니한 것은 이런 경향을 가진 지역 건축가 중 많은 수가 큰 명성을 얻어 세계적인 건축가가 되었다는 점이야. 알바루 시자는 포르투갈 출신이고, 마리오 보타는 스위스에 가까운 이탈리아 티치노 지방의 건축가인데 지금은 전 세계에서 프로젝트를 진행하고 있지. 일본의 대표 건축가인 안도 다다오도 마찬가지고. 특히 마리오 보타는 대칭적이고 단순한 형태에 전통적 재료인 벽돌의 특성을 강조하거나 비틀어 적용하는 방식으로 많은 프로젝트를 해 왔는데, 어디에 놓여 있어도 누구나 대번에 그의 작품인 것을 알아볼 정도로 개성이 강해. 지역성에 기반을 두고

작업을 시작했던 처음과는 다르게 세계적인 브랜드가 되어 버린 거지. 경기도 화성에 있는 남양 성모성지에 가면 한눈에 들어오는, 붉은 벽돌로 높게 솟은 대성당이 마리오 보타의 작품이야. 왼쪽 사진을 보면 무슨 말인지 느낌이 오니?

어디가 되었든 낯선 나라에 가면 만나는 도시와 마을의 모습은 전통적인 엘리트 건축과 토속 건축, 모더니즘 또는 국제주의 양식의 건축, 그리고 그 이후 현대 건축이 어우러진 결과물이야. 조금 덧붙이자면 과거 초가집이나 흙집 같은 이미지의 토속 건축은 이제 산업화된 도시에서 새로운 유형의 대중 건축으로 대체되고 있다는 것 정도? 물론 그 비율은 나라마다 큰 차이가 있겠지만 말이지. 건축은 복잡한 사회 문화 현상의 한 측면이기 때문에 뭐라고 명확한 정의를 내리는 게 쉽지는 않지만, 앞으로 다른 나라에 방문할 일이 있으면 이런 잣대를 가지고 건축과 도시를 들여다보면 재미있을 거야. 우리나라와 어떤 점이 비슷한지, 다르다면 어떤 사연 때문에 그런 건지 짐작해 보는 거지.

⇐ 마리오 보타가 8년 동안 이탈리아와 우리나라를 오가며 완성한 남양 성모성지 대성당

건축의 시인,
알바루 시자

알바루 시자 비에이라는 포르투갈 출신 건축가로, 1933년 태어났는데 놀랍게도 2022년 기준으로 90살인 지금도 현역으로 활동하고 있어. 20대 초반인 50년대 중반부터 자신의 건축을 시작했으니 모더니즘이 피어나던 시기에 태어나 서서히 저물어 가던 시기부터 그 끝자락을 잡고 유럽의 변방에서 묵묵히 자신의 길을 걸어온 건축가라고 할 수 있지. 1992년 프리츠커상을 수상할 때 심사 위원들이 그의 작업을 빛에 의해 형태를 빚어내는 초기 모더니즘 건축에 빗댄 것도 그런 맥락이었어. 건축 역사가 케네스 프램튼에 의해 비판적 지역주의 건축가라는 타이틀을 얻기는 했어도, 사실 그의 작업에서 어떤 부분이 지역적 특징을 드러내는지 읽어 내기는 그리 쉽지 않아. 오히려 '마지막 모더니스트',

'건축의 시인' 같은 수식이 더 자주 그를 따라다니지.

그런데 건축 역사가들이나 비평가들은 왜 시자를 새로운 지역주의의 선두 주자로 보았을까? 건축에서 지역성을 물질적인 것으로만 한정 지어 바라보면 그의 건축에서 풍기는 묘한 지역적 색채를 설명하기가 더 어려워지는 것 같아. 물론 건축이란 처음에 아무리 개념적인 이야기로 시작해도 결국 물질로 완성이 되는 것은 맞아. 하지만 시자의 건축은 물질을 물질로 바로 드러내는 쉬운 방법을 택하지 않는다는 점이 중요해. 물론 지역성도 마감 재료가 되었든 창이나 벽과 같은 건축 요소가 되었든 물질적인 형태로 드러날 수도 있지만, 어느 지점에 가면 그 모든 것들이 자연스럽게 하나의 전체적인 인상으로 다가오게 되는 것 같아. 건축과 그 안의 요소, 그리고 이를 둘러싼 주변까지도 모두 말이지. 이게 바로 시자 건축이 지닌 지역성의 비밀이 아닐까?

시자는 이 모든 것을 넓은 의미의 땅에서부터 출발하고 있어. '건축가는 없는 것을 만들어 내는 사람이 아니라, 문제를 해결하기 위해 무언가를 변형할 뿐'이라는 유명한 말이 땅에 대한 그의 태도를 잘 보여 줘. 시자는 1960년대 말 포르투갈의 고향 마을에 지은 수영장으로 주목을 받기 시작했는데, 처음 보면 도대체 건축가가 뭘 한 건지 잘 눈에 들어오지 않을 정도로 주변과 자연스럽게 융합된 모습을 보여 주고 있어. 자세히 들여다보면 주어

알바루 시자와 바다 수영장으로 가는 길

진 대지의 형상과 조건을 세심하게 관찰한 후 그걸 최소한의 개입을 통해 어떻게 기하학적으로 정의할 것인가를 고민한 흔적이 보이지. 말하자면 무질서해 보이는 자연 상태에서 어떤 질서를 찾아내고 여기에 벽과 바닥 같은 건축 요소를 슬며시 끼워 넣으면서 필요한 기능을 연결시키는 작업이랄까? 크게 보면 모더니

어디까지가 자연이고,
어디까지가 인간이 만든 걸까?

바닷가의 바위 지형을 그대로 이용해 만든 포르투갈의
레사 다 팔메이라 바다 수영장

즘 미학이 추구했던 추상화의 전략과 같은 맥락인 셈이지. 지어진 것들만 보면 돌 틈에 박힌 거친 콘크리트에 불과하지만, 그렇게 만든 통로와 휴게실, 그리고 그런 장치들이 지중해의 투명한 하늘과 바다를 방문객들에게 보여 주는 방식이 한데 어우러져 그 지역만이 가진 독특한 분위기를 자아내.

그래서 시자의 지역성을 이야기할 때 맥락 또는 콘텍스트 context라는 말이 중요하게 다루어지기도 해. 사실 지역성이라는 말 자체가 맥락의 다른 측면이기도 하고. 하지만 시자에게 맥락이란 프로젝트의 거의 모든 것이라고 할 수 있어.

어느 정도 규모가 있는 작업을 하게 된 후기에 이르러서도 이 원칙은 크게 달라지지 않아. 건물의 큰 덩어리를 건축에서 매스 mass라고 부르는데, 시자는 이런 매스를 놓을 때부터 대지가 어떤 큰 흐름에 놓여 있는지, 대지가 면하는 가장자리는 어떤 조건을 가지고 있는지 관찰하고 또 이를 반영하면서 설계에 임하지. 어떻게 보면 아주 당연한 건축가의 자세인데도 의외로 이런 기본기가 부실한 건축가들이 많아. 재미있는 것은 이런 주변의 흐름을 받아들이다 보면 몇 개의 매스가 서로 불편한 관계를 가지거나 어색한 각도로 만나게 되는 경우가 있는데 시자는 이걸 거부하지 않고 미묘하게 긴장감을 주는 공간으로 만드는 재주가 있어. 순례길로 유명한 스페인 산티아고데콤포스텔라의 갈리시아

80

스페인 산티아고데콤포스텔라에 있는 갈리시아 미술관의 내부

미술관이 바로 이런 특징을 잘 보여 주고 있지. 두 개의 직각 축
이 만나는 뾰족한 삼각형의 구석이 내부 공간에서 아주 아름답게
표현되고 있는 것 같지 않아? 절제된 것 같으면서도 동시에 대담
하기도 한 그의 건축 언어는 푸른 하늘을 배경으로 서 있는 하얀
벽의 오브제를 만들기도 하고 또 그 자체가 배경이 되기도 하면
서 그 지역의 정서를 담아내는 시적인 표현 수단이 되고 있지.

섬세한 디테일에 있어서도 시자는 노력을 게을리하지 않아. 갈
리시아 미술관을 다시 예로 들어 볼까? 1993년에 완성되었다는

외벽을 금방 낡아 보이게 만들어 주변의 오래된 건물들과 어울리게 한 갈리시아 미술관

걸 감안하더라도 생각보다 외벽이 깨끗하지 않지? 위에서부터 흘러내린 빗물 자국에 거무튀튀한 색으로 변한 걸 알 수 있어. 그런데 자세히 보면 주변에 있는 오래된 건물들도 다 그래. 재료도 비슷하고, 지은 지 훨씬 더 오래되었으니 색은 당연히 더 많이 변했지. 보통 건물을 지을 때는 외벽의 제일 높은 윗면에는 빗물로 오염이 생기는 것을 막기 위해 금속 플래싱이나 두겁석 같은 디테일을 만들거든. 빗물이 외벽으로 바로 떨어지지 못하도록 윗면이 밖으로 살짝 튀어나오게 처리를 하는 거지. 그런데 시자는 새 건물이 빨리 주변의 오래된 건물과 비슷해지라고 일부러 이

언덕의 등고선을 건축으로 재현한 듯한 이베르 카마르구 미술관

런 디테일을 만들지 않았다는 거야. 글쎄, 실제로는 어땠는지 몰라도 미술관 주인은 새 건물을 금방 낡아 보이도록 만들겠다는 건축가의 말에 속이 탔을 것 같아. 하지만 시자에게 맥락은 그만큼 중요해.

시자는 포르투갈에서 시작해서 스페인으로, 또 남아메리카로 무대를 넓히는 과정을 통해서 비슷한 문화권 내에서 지역적 건축이 보편성을 가질 수도 있다는 것을 보여 주었어. 이런 시도는 브라질에 있는 이베르 카마르구 미술관에 잘 표현되어 있지. 앞에는 도로, 뒤는 가파른 언덕인 대지의 조건을 건축으로 풀어내

유려한 곡면으로 이루어진 미메시스 아트 뮤지엄

기 위해 외벽에 매달린 듯한 경사로를 만들어서 지형의 특징을 재해석한 형태를 제안하고 있어. 마치 산의 높이를 표현하는 지도의 등고선이 튀어나온 것처럼 말이야. 이제는 어느 정도 무르익은 건축가의 스타일과 지역의 정서가 적절하게 균형을 이룬 작품이랄까? 너무 완성된 브랜드 같은 모습으로 다가오지도 않고, 그렇다고 지역적 특색만으로 모든 것을 만들어 내지도 않고.

우리나라에도 시자가 설계한 건물을 몇 개 찾아볼 수 있어. 특히 파주의 미메시스 아트 뮤지엄은 시자 스스로 자신의 최고 작품 중 하나로 꼽을 정도로 높은 완성도를 자랑하고 있지. 하지만 이런 작품에서 더 이상 건물이 딛고 서 있는 땅의 지역성을 찾아보기는 어려운 것 같아. 순백의 유려한 곡선 벽체가 만들어 내는 스카이라인은 왠지 시자의 건축이 처음 시작된 맑고 푸른 지중해 지방에 더 잘 어울릴 것 같은 느낌이거든. 현실적으로 저런 벽면은 우리나라처럼 대기의 미세먼지가 심한 지역에서는 더 빨리 오염이 될 거고 말이야. 그런 면에서 아무래도 진정한 의미에서의 지역주의 건축이란 건축가의 문화적 바탕보다는 건물이 지어지는 바로 그 지역의 특성을 반영해야 한다고 볼 수 있지.

하지만 한편으로는 건축가가 명성을 얻어서 세계 여기저기에 건물을 지을 때마다 전혀 다른 결과물을 보여 주는 게 옳은 건지도 생각해 봐야 해. 노출 콘크리트로 만들어진 반듯한 기하학적 구성의 건축으로 유명해진 안도 다다오가 요즘 진행하는 해외 프로젝트를 보면, 건축가 이름을 보기 전에는 누구의 작업인지 짐작하기 쉽지 않을 정도로 이전의 작업들과는 거리가 있지.

갑자기 다른 이야기지만, 요즘 넷플릭스에서 만든 우리나라 드라마를 전 세계 사람들이 즐겨 보는 거 알지? 이렇게 고도로 세계화되었음에도 가장 지역적인 것이 그 존재 가치를 인정받고 다시 세계적인 것으로 받아들여지는 시대에, 과연 건축의 지역성을 어떻게 생각해야 좋은 걸까?

왕슈,
토속을 넘어 세계로

중국의 건축가 왕슈는 세계 건축계에 그야말로 혜성처럼 등장했어. 왕슈가 받기 전까지 프리츠커상은 주로 널리 알려진 서구의 건축가들과 몇몇 일본 건축가에게 돌아갔지. 그런데 당시만 해도 건축 문화의 변방으로 취급받던 중국에서 처음으로 수상자가 나온 거야. 게다가 중국 내에서도 비주류라 할 위구르 자치주 출신에, 역대 최연소의 나이로 상을 받게 되었으니 모두가 깜짝 놀랄 수밖에 없었지. 그게 2012년의 일이야.

중국의 근현대 역사를 들여다보면 이게 왜 대단한 일인지 알 수 있어. 혹시 문화 대혁명이라는 사건을 들어 봤니? 1949년 중화 인민 공화국 수립 때부터 1976년 병으로 세상을 떠날 때까지 27년간 중국을 통치한 마오쩌둥은 지금 중국의 모습을 만드는

데 큰 역할을 했어. 좋은 쪽으로든 나쁜 쪽으로든 말이야.

좋은 쪽으로는 중국을 통일해서 강대국의 기틀을 마련하는 데 큰 공헌을 한 반면, 나쁜 쪽으로는 거의 나라를 파탄 낼 정도의 끔찍한 정책을 펼치기도 했지. 그중 하나가 자그마치 5천만 명의 생명을 앗아간 대약진 운동이고, 또 다른 하나가 바로 중국 문화를 거의 원점으로 후퇴시킨 문화 대혁명이야. 문화 대혁명은 이상적인 사회주의 문화를 창조하자는 명분 아래 옛것을 모두 비판하고 갈아엎자는 운동이었는데, 말이 운동이지 실상은 나라가 외세에 침략당해 문화가 파괴되는 것보다 훨씬 심하게 자국의 문화를 초토화시킨 어이없는 사건이었어. 지식인과 예술가를 붙

중국인 최초로 프리츠커상을 수상한 왕슈

잡아다가 자기 부정을 시킨 다음 죄다 노동 현장에 보내 버렸으니, 이건 뭐 자살골도 이런 자살골이 없었지. 게다가 국가적 이념의 바탕에 깔린 공리주의적 사상은 건축을 예술이 아닌 공학으로 본 탓에 근대를 거쳐 오면서 건축 문화라고 부를 만한 것 자체가 만들어질 수 없었어.

이렇게 척박해진 문화 토양 위에서 중국 건축은 1980년대부터 가속도가 붙기 시작한 경제 성장과 함께 다시 일어나기 시작했어. 이때는 서양의 최신 흐름을 쫓아가기에 바빴지. 자본주의 경제와 건축이 서로 밀접한 관계가 있다는 걸 깨닫고, 중국 특유의 추진력을 발동해 뒤처진 건축 문화를 되살리기 시작한 거야. 해외 스타 건축가들을 초빙해서 그럴듯한 작품도 여럿 짓고, 상하이에는 타임머신을 타고 미래로 간 듯 까마득하게 높은 고층 빌딩 숲을 만들었지.

그런데 경제 규모와 건축이 양적으로 성장할수록 과연 중국 고유의 것은 어디 있을까 하는 고민도 같이 커졌어. 일단 규모를 키우고 양을 늘리는 데 전력을 다했으니 뒤돌아볼 틈이 없었던 거지. 몇몇 전통 건축의 형태를 현대 건축에 접목하려 했던 시도 치고 잘됐다고 말할 만한 것도 거의 없었고. 이런 와중에 가장 밑바닥에서부터 중국 토속 건축의 정수를 익힌 왕슈가 등장한 거야.

원래 미술 공부를 하고 싶었던 왕슈는 뭔가 실용적인 것을 했으면 하는 부모님의 바람과 타협해 건축을 선택했다고 해. 하지만 경제력을 앞세운 현란한 현대 건축만 추구하던 당시 중국 건축계의 흐름 속에서 자기가 가야 할 길을 찾지 못하던 그는 건축 설계를 뒤로 하고 무려 10년간 목수들과 함께 오래된 고건축을 수리하는 일에 매진하게 되지. 그렇게 왕슈는 토속 건축, 특히 중국 강남 지역 민가 건축의 모든 것을 완전히 흡수한 거야. 건물 배치, 공간 구성, 구축법, 재료와 디테일, 그리고 그 바탕에 흐르는 철학까지 모두 말이지.

그가 1998년 아내와 함께 연 설계사무소의 이름이 '아마추어 건축 스튜디오'였는데, 건축가라기보다 겸손한 인문학자 같은 그의 태도를 한마디로 말해 주는 것 같아. 최신 건축 유행을 좇는 번지르르한 주류 건축계와 다르게 삶이 빚어낸 가장 솔직한 지역의 토속 건축에 뿌리를 두겠다는 선언과 같은 것 아니었을까?

왕슈의 대표작은 뭐니 뭐니 해도 역시 중국 저장성에 있는 닝보 역사박물관인 것 같아. 아빠가 처음 그 건물의 사진을 보았을 때의 놀라움이 아직도 기억날 정도야. 분명 현대적인 조형미를 가진 건물인데도 벽면에 재료를 조각보처럼 쌓아 올린 느낌이 마치 세월의 흔적을 그대로 간직한 유적과도 같은 인상을 준다고 할까? 대개 어떤 건물이든 형태 언어라든가 재료를 쓴 방식을 보면 아, 이 건물은 언제쯤 만들어졌겠구나 하는 힌트를 얻을 수가 있는데, 이 박물관은 시간을 초월해서 서 있는 듯한 존재감을 뽐내고 있어. 신도시 개발에 밀려 폐허가 된 인근의 오래된 마을에서 가져온 명·청 시대의 벽돌과 기와를 신축 건물의 재료로 선택한 그의 결정이 역사박물관이라는 지금의 용도와 딱 맞아떨어져 감동적인 작품을 만들어 낸 거지. 재료뿐만이 아니야. 박물

왕슈의 대표작인 닝보 역사박물관

아빠, 우리도 시간을 건너가 봐요!

관으로 진입하는 과정 또한 조금은 불친절하게도 물길을 건너게 되어 있는데, 이건 시간을 건너는 행위를 은유한 거라고 해. 과거와 현재를 하나의 건축 작품으로 통합함으로써 문화 대혁명으로

명·청 시대의 벽돌을 쌓아올린 박물관의 외벽

건물을 지은 재료와
용도가 맞아떨어지면
감동적인 작품이 나온다고!

단절된 중국 문화의 명맥을 잇는 데 상징적인 보탬이 되었다고
한다면 아빠만의 지나친 생각일까?

중국미술대학교 샹산 캠퍼스는 건물 한두 개가 아니라 캠퍼스
배치부터 모든 건물의 설계까지 왕슈가 직접 맡아서 왕슈 건축
의 실험장이라고도 불리는 프로젝트야. 먼저 눈에 들어오는 건

각자의 개성을 드러내면서도 조화롭게 서 있는 중국미술대학교 샹산 캠퍼스의 건물들

아무래도 뾰족뾰족하게 물결이 치는 것 같은 지붕이겠지? 지역
성이 두드러진 건축에서 이런 형태가 먼저 눈에 들어온다는 것
은 상당히 위험한데, 왜냐하면 전통적 건축의 형태를 너무 직접
적으로 드러내는 시도는 과거에 것에 기댄 값싼 모방으로 비쳐
질 수 있기 때문이야. 그런데 왕슈는 형태 그 자체가 아니라 그

형태가 나오게 된 원인에 집중함으로써 이 함정을 비켜 갈 수 있었어. 무슨 이야기냐 하면, 끄트머리가 날아갈 것 같은 강남 지역의 독특한 지붕 형태는 많은 비를 빨리 흘려보내면서 동시에 강한 햇빛을 막는 차양의 역할을 하기 위해 오랜 세월에 걸쳐 발전한 양식이거든. 왕슈는 그 형태를 최대한 추상적으로 단순하게

만들면서, 배수와 차양이라는 기능은 충분히 그 역할을 할 수 있도록 설계했지.

재료나 형태보다도 더 중요한 건, 건축을 대하는 태도에 깔린 지역 고유의 가치관이라고 할 수 있어. 왕슈는 집을 짓는 건 하나의 세계를 만드는 일이라고 정의하면서 이렇게 덧붙이지. "한 세

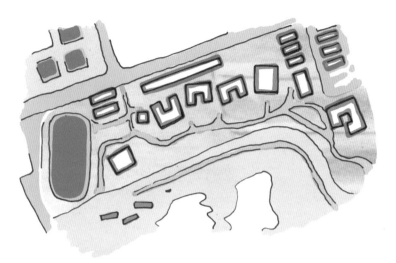

중국미술대학교 상산 캠퍼스 배치도

계를 만들 때는 가장 먼저 그 세계에 대한 인간의 태도를 결정해
야 한다. 집을 짓고 나서 이른바 조경을 하는 서양인의 관점과는
다르다." 바로 중국의 문인들이 자신들만의 자족적인 세계인 원
림(園林),즉 정원을 만들던 원칙이지. 상산 캠퍼스의 ㄷ자 모양
을 한 건물들, 그리고 그 건물들이 서로 조금씩 어긋나며 산을 둘
러싸듯 모인 모습이 바로 이 원칙에서 비롯된 거야.

　왕슈의 건축이 아름다우면서도 풍요로운 건, 찬란한 문화를
꽃피웠던 중국 강남 지역의 민간 건축을 자기 건축의 밑바탕이
자 출발점으로 삼았기 때문이야. 어떻게 보면 지배 계급의 엘리
트 건축과 민간의 토속 건축이 경계를 허물고 서로 맞닿아 있는

흔치 않은 경우가 아닌가 싶어. 그는 수년간 현장에서 몸으로 그 모든 것들을 속속들이 익힌 거고.

　비판적 지역주의 건축이 세계적 브랜드가 되고 모더니즘의 한 분파처럼 인식되어 그 지역성의 가치가 희미해져 갈 때쯤 등장한 왕슈의 건축은 세계 건축계에 의미심장한 메시지를 던지고 있어. 단단한 바탕의 지역 문화를 딛고 일어선 토속 건축이 얼마나 큰 힘을 가질 수 있는지, 또 그렇게 해서 얻어진 보편성은 이전의 지역주의 건축이 보여 준 보편성과 어떻게 다를 수 있는지 잘 보여 주고 있지.

4

건축과 전통

우리나라의 전통 건축과
현대 건축은 어떤 관계가 있을까?

이번에 하려는 이야기는 전통에 관한 거야. 특히 우리나라의 전통 건축이 현재와 어떤 관계를 맺고 있는지 살펴보려고 해. 넓게 보면 앞에서 했던 지역성에 대한 이야기의 연장일 수도 있는데, 나라마다 전통을 이해하고 받아들이는 방식이 모두 다르기 때문에 특별히 우리나라로 한정 지어 살펴본다면 더 깊게 깨닫는 것들이 있을 거라고 생각해.

건축에서 전통은 주로 형태적인 특징으로 드러나는데, 사람들은 이런 시각적인 요소에 예민하게 반응하기 마련이야. 그래서 전통 문제는 종종 첨예한 논쟁의 대상이 되기도 했지. 균형 잡힌 사전 지식이 없다면 이런 일을 이해하고 받아들이는 일이 결코 쉽지 않다고 생각해. 단지 느낌만으로는 옳은 판단을 내리기 어려운 점이 많기 때문이야. 한마디로 공부가 필요하다는 이야기지.

우리나라의 전통 건축이라고 하면 어떤 것들이 생각나는지 궁금하네. 먼저 예전에 엄마 아빠를 따라 가 보았던 서울 시내의 옛 궁궐이나 산속 절이 생각날 거야. 그리고 한옥이라 불리는 옛집을 요즘 형편에 맞게 수리하거나 아예 예전 방식과 거의 비슷하게 새로 지어 살고 있는 경우도 꽤 있지. 외국인들이 몰려와서 사진을 찍어 대느라 늘 붐비는 서울의 북촌마을이나 전주의 한옥마을이 그런 곳이야. 물론 이런 집들이 완벽하게 옛날 방식으로 지어졌느냐 하면, 사실 그렇지는 않아. 주방이나 화장실은 현대식으로 되어 있고, 창문도 요즘 시스템 창호 못지않게 열을 잘 차단해 주는 한옥 창호가 여럿 개발되어 사용되고 있거든. 한옥이라는 형식을 지금 이 시대에도 유효한 것으로 만들기 위해서 이런 부분적 현대화는 당연히 필요하다고 생각해.

그럼 조금 더 어려운 질문을 해 보자. 우리나라 역대 대통령 집무실인 청와대 본관은 전통 건축일까? 커다란 지붕으로 유명한 독립기념관은? 질문이 어렵다면 이렇게 바꿔 볼 수도 있어. 이런 건물들이 전통 건축으로서의 가치를 가지고 있을까? 우리나라 건축가 중에서 가장 이름이 알려진 건축가 중 하나인 승효상은 청와대를 '콘크리트로 목조를 흉내 낸 가짜'라고 말한 적이 있어. 또 한국예술종합학교의 김봉렬 교수는 "청와대는 전통 건축이라기보다는 기와를 사용한 현대 건축으로 봐야 한다"고 평가하기도 했지. 겉보기엔 웅장한 기와집임에는 틀림없고, 분명 전통 건축처럼 보이기는 하는데 왜 우리나라 최고의 전문가들이 이런 말을 했을까?

머리가 아프겠지만 한 가지만 더 물어볼게. 혹시 전주시청사를 본 적이 있는지 모르겠네. 이런 걸 독창적이라고 해야 할지 참 난감하긴 한데, 그 어디에서도 본 적이 없는 독특한 외관을 가지고 있어. 마치 남대문의 성벽 부분을 크게 키우고 늘여서 한옥 지붕을 끼워 넣은 것 같은 모습이지. 이런 건물은 어떻게 생각해?

현대 건축과 전통 건축이 뒤섞인 전주시청사

특이해서 좋아, 아니면 괴상해 보여?

어떤 대상을 보고 좋다, 아름답다라고 느끼는 것은 그 대상이 절대적으로 아름답기 때문에 그런 것인지, 아니면 사회적 관계와 교육 효과에 의해서 그렇게 느껴지는 것인지는 미학적 논쟁의 영역이긴 하지. 그렇긴 해도 아빠는 이런 문제에 대해서 제대로 판단하려면 적어도 어느 정도는 체계적인 지식을 가지고 있어야 한다고 생각해. 현대미술도 교육을 받지 않고 접하면 의미 없는 낙서나 해프닝 정도로 보이는 경우도 많잖아? 한마디 더 하자면, 제대로 된 건축가가 되기 위해서는 이런 문제에 대해 분명한 자기 판단의 근거를 가져야 해. 그렇지 못하면 그냥 건축주가 해 달라는 대로 이랬다 저랬다 하는 기술자에 지나지 않는 거야.

그럼 판단의 근거로 뭘 보아야 할까? 먼저 꼽고 싶은 거는 '구축'의 문제야. 구축이라는 말이 쉬운 말은 아닌데, 굳이 지금 꺼내는 이유는 건축의 본질을 건드리는 개념이기 때문이야. 자꾸 거창한 이야기를 하는 것 같아서 미안한데, 최대한 쉽게 말해 볼게. 보통 집을 이루는 요소로 벽도 있고, 지붕도 있고, 바닥과 문, 창도 있지. 이 가운데 가장 중요한 것만 추려 내면 뭐가 남을까? 집이 비를 피하기 위해 최초로 만들어졌다고 상상해 보면, 지붕과 이 지붕을 세우기 위한 벽이나 기둥 같은 수직 부재일 거야.

18세기 건축가 마크 앙투안 로지에의 책
『건축 에세이』에 등장하는 원시 오두막 삽화

다시 말해 건축의 가장 기본적인 문제는 이 지붕과 수직 부재를 어떻게 만들어 내느냐는 문제로 이해할 수 있어. 어쨌든 중력을 이기고 세워야 하니까 쉬운 일은 아니었을 거야. 먼저 돌을 쌓고 그 위에 나뭇가지를 꺾어 엮을까, 아니면 나무 기둥을 세우고 그 위에 나무로 틀을 짠 다음 짚을 얹을까? 이런 고민이 처음 집을 지을 때부터 있었겠지. 그런데 어떤 쪽을 선택하든 재료의 특

102

성에서 비롯된 고유의 형태와 방식이 겉으로 드러나게 마련이고, 그런 것들이 결국에는 그 지역을 특징 짓는 건축 양식으로 발전한 거야.

우리나라의 한옥으로 치면, 나무를 깎고 다듬어 짜 맞추는 '목가구조'가 그 본질적인 구축 방식이야. 그런데 청와대나 독립기념관은 겉모습만 목가구조를 흉내 냈을 뿐, 사실은 콘크리트로 만들어져 있어. 목가구조에는 기둥 위치보다 더 넓은 지붕을 얹기 위해서 작은 부재 여러 개를 짜 맞추어 장식적인 효과를 내는 공포라는 독특한 요소가 있는데, 이것조차 콘크리트로 오물조물 비슷하게 흉내 내서 만든 거야. 콘크리트 구조는 재료와 공법에

콘크리트로 목가구조 형식을 흉내 낸 청와대 본관 지붕

맞는 나름의 형태가 따로 있는데도 말이지. 진짜와 가짜가 갈리는 지점이 바로 여기인 거야.

이제 전주시청사가 어색해 보이는 이유를 좀 더 설명해 볼게. 정확하게 말하면 어색한 건물로 보아야 하는 이유라고 말해야 하겠지. 일단 앞부분에 석재로 만들어진 커다란 벽은 아까 이야기한 것처럼 남대문의 성벽을 키워 놓은 것 같은 형태를 하고 있어. 게다가 그 윗부분을 길게 늘여서 마치 현대식 건물 같은 비례로 만들어 놓았지. 전통 건축은 어떤 요소가 되었든 원래 그런 모습을 하고 있는 마땅한 이유가 있는데, 그 맥락을 무시하고 편한 대로 키우고 늘인 게 불편한 느낌을 준다고 생각해. 달리 말하면 원래의 것이 가진 가치를 존중받지 못하고 있기 때문에 생기는 언짢음이라고나 할까?

지붕의 경우는 더 심각해. 원래 한옥의 지붕이 가진 멋은 벽면 앞으로 시원스럽게 뻗어 나온 처마에 있는데, 전주시청사에서는 한껏 존재감을 드러내야 할 지붕이 거대한 벽이 만든 감옥에 갇힌 것처럼 옹색하게 놓여 있어. 역시 한옥 지붕이 제대로 그 가치를 인정받지 못하게끔 설계가 되어 있는 것이 문제인 거지.

정반대의 사례를 들어볼게. 경복궁 옆 효자로를 걷다 보면 아름지기 사옥을 만날 수 있어. 아름지기는 우리나라 문화유산의 보존과 정비를 목적으로 하는 재단이야. 이 건물은 흰 노출 콘크리트와 나무를 가늘게 켜서 붙인 면이 조화를 이루는, 아주 현대적인 느낌의 세련된 건물이야. 말하자면 모더니즘의 미학을 가진 건물이지. 그런데 살짝 고개를 오른쪽으로 기울이면 건물 위에 한옥이 올라가 있는 것이 살짝 보여. 전혀 어색하지 않게 말이야. 도대체 전주시청사와 뭐가 다르길래 그런 걸까?

이 건물에 놓인 한옥은 비록 서양식 건물 위에 지어졌지만 온전한 모습을 하고 있어. 마치 아래의 건물을 새로 만들어진 땅으로 삼고 서 있는 모습이야. 2층에도 바로 옆에 반듯하고 매끈한 현대식 건물이 있지만 서로 다른 요소들이 위계 없이 섞여 있지 않고 서로를 존중하며 각자의 자리를 지키고 있지. 이런 구성 방식을 어려운 말로 병치라고 해. 전주시청사가 두 개의 양식이 가진 요소를 늘이고 당겨서 섞어 버린 방식과는 대조적이지. 게다가 아름지기 사옥의 현대적인 요소는 최대한 절제된 방식으로 만들어져 있어. 소위 미니멀리즘이라는 거지. 그 뿌리는 결국 모더니즘인데, 이미 배웠지만 모더니즘이야말로 역사적 양식이 가진 요소를 모두 거부하고 원점에서 조형을 다시 시작한 역사상 가장 추상적인 시도였기 때문에, 역설적으로 역사적 양식과 병치되었을 때 서로를 방해하지 않은 결과를 가져온 거야.

전통적 요소를 새로운 맥락에서 다시 쓰기 위해서는 정말 섬

전통과 현대의 요소가 서로를 존중하는 방식으로 만들어진 아름지기 사옥
(건축사사무소 엠에이알유 설계, 사진 ⓒ김용관)

세하고 사려 깊은 고민의 과정이 필요해. 특히 그 형태를 소재로 삼을 때는 더욱 그렇지. 대개 전통적 형태는 문화 공동체의 기억에 깊이 새겨져 있기 때문에 누구에게나 즉각적인 인상을 주기 마련인데, 그런 점이 자칫 독이 될 수 있어. 친숙한 만큼 이미지로 빨리 소비가 되고, 쉽게 지루하거나 진부한 느낌을 줄 수도 있지. 그렇다고 이런저런 변형을 가해서 친숙하지 않게 만들어 버리면, 원래의 것이 가진 가치가 전혀 다른 의미로 잘못 읽히거나 훼손될 여지가 있고.

그런 오래된 가치에 대한 존중을 유지하는 동시에 지금 이 시대에도 유효한 의미를 만들어 낼 수 있어야 하고, 또 어딘가 알 것 같은 친숙한 구석이 보이면서도 바로 알아볼 수 있을 정도로 빤하지 않은 것을 만들어 내는 일, 듣기만 해도 정말 어렵게 느껴지지? 그만큼 전통의 재해석이라는 작업은 건축가가 깊은 고민을 품고 뛰어들어야만 성과를 얻을 수 있는 힘든 영역인 거야.

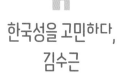

한국성을 고민하다, 김수근

우리나라의 건축 역사를 공부하다 보면 현대로 접어드는 길목에서 두 사람을 만나게 돼. 바로 한국의 1세대 건축가라 불리는 김수근과 김중업이야. 일제의 통치를 거치면서 스스로의 힘으로 근대화를 이루기가 거의 불가능했던 우리나라 건축계에서 두 사람은 희망의 불씨를 지핀 귀중한 건축가들이지. 하지만 그 이면을 들여다보면 공통점만큼 서로 다른 결을 가졌다는 것을 발견할 수 있어. 지금부터 잘 알려지지 않은 그들의 이야기를, 전통에 대한 고민이라는 문제를 살펴보면서 함께 들려줄게.

김수근을 지금까지도 한국을 대표하는 건축가로 부르는 데 의견을 달리할 사람은 많지 않을 거야. 올림픽 주경기장이나 지금은 반얀트리 클럽으로 이름이 바뀐 남산 타워호텔 같은 작품은

아직도 서울의 대표적인 랜드마크라고 해도 손색이 없고, 창덕
궁 옆에 있는 공간 사옥은 2013년 건축 전문가들에 의해 한국 최
고의 현대 건축 30선 중 1등으로 꼽히기도 했어. 또 장충동 경동
교회는 거친 벽돌로 쌓아 올린 진지함과 내부의 엄숙한 공간감
으로 지금 건축을 공부하는 사람들에게도 깊은 감명을 주고 있
지. 한때 한국의 대표적인 설계사무소였던 공간건축과 역시 한
국을 대표하는 건축 전문지인 「SPACE 공간」을 만든 사람도 김수
근이야. 무엇보다 김수근 아래서 건축을 배운 건축가들이 아직
도 우리나라 건축계에서 핵심적인 역할을 하고 있고.

　1931년에 태어난 김수근은 1950년 서울대학교 건축학과에서
대학 생활을 시작했어. 그런데 한국 전쟁이 나는 바람에 우여곡
절 끝에 일본으로 건너가서 도쿄예술
대학교에 다시 입학을 하게 돼.

　그가 처음 이름을 알린 건 1959
년 남산의 국회의사당 설계 공모
에 당선되면서였어. 이후 5·16 군
사 정변으로 계획이 백지화되었지

한국의 1세대 대표 건축가 김수근

만 말이야. 이후 1961년 공간건축의 전신인 김수근 건축연구소를 설립하면서 워커힐 호텔 설계에 참여하는 등 본격적으로 자신의 작업을 시작했어. 이때 당시 젊은 중앙정보부장이던 김종필과 인연을 맺게 되는데, 김수근은 이런 정치적인 연결 고리를 통해 남산 자유센터나 타워호텔 같은 굵직굵직한 국가적 규모의 프로젝트를 수행하는 위치에 오르게 되지. 참고로 이야기하자면 김종필은 지금 젊은 세대에게는 낯설겠지만 나중에 국무총리와 정당의 대표 자리까지 올랐던 거물급 정치인이야. 한마디로 김수근은 형태와 공간을 다루는 건축가로서의 천부적인 감각과 자신에게 온 기회를 놓치지 않는 사업가적 능력을 모두 갖춘 흔치 않은 인물이었던 거지.

이런 김수근이 뜨거운 논란의 도마 위에 오른 적이 한번 있었는데, 바로 1965년 설계한 국립부여박물관 때문이었어. 지금은 부여 고도문화사업소와 백제공예문화관으로 사용되고 있지. 그 이름에서 알 수 있듯 역사적 유물을 전시하는 박물관이었기 때문에 전통이라는 요소가 설계의 중요한 출발점이 된 것이 전혀 이상할 것이 없어. 그 이전부터 김수근은 건축에 강한 형태적 어휘를 즐겨 써 왔는데, 이번에도 그런 성향을 유감없이 발휘한 작

⇐ 한국 최고의 현대 건축으로 꼽히는 김수근의 공간 사옥(현 아라리오 뮤지엄 인 스페이스)

품을 내놓은 거야. 역사의 어느 순간에서 튀어나온 듯한 경사 지
붕의 형태를, 마치 서까래를 크게 키워 놓은 것 같은 굵직한 콘크
리트 부재로 표현했지.

문제는 그 형태가 일본의 전통 건축을 연상시킨다는 거였어.
이것이 이른바 '국립부여박물관 왜색 논란'이라는 건축계의 유명
한 사건이야. 비록 권력과 가까운 곳에 있는 건축가였지만 직전
에 있었던 한일 외교 정상화에 대한 논란과 맞물려 일어난 대중
의 거센 비판에 대해서는 어찌할 수가 없었지.

건축가는 처음 떠오른 아이디어가 강렬할수록 스스로 만든 확

완성되자마자 왜색 논란에 휩싸였던 국립부여박물관
(현 부여 고도문화사업소와 백제공예문화관)

신감에 사로잡혀 주변의 비평에 대해서 자신의 작업을 합리화하며 방어하려는 경향을 보일 때가 있어. 창작자로서 객관성을 유지하는 게 쉬운 일은 아니지. 김수근의 대응도 그랬어. 자신의 작품을 둘러싼 논란에 대해서 백제의 양식도, 일본 신사의 양식도 아닌 김수근의 양식이라고 주장했지.

사실 이런 종류의 논란에 논리적으로 접근하는 것은 큰 의미가 없을 수도 있어. 형태를 이루는 요소를 하나하나 분해해서 보면 어디가 어떻게 일본의 전통 건축과 닮아 있는지 증명하기도 쉽지 않고, 또 다른 시각에서 보면 고대 일본의 건축 양식이 대부분 백제에서 왔기 때문에 설사 닮았다고 한들 그것이 더 자연스러운 게 아닌가 반문할 여지가 있기도 해.

그렇지만 모든 속사정을 떠나 전체적인 건물이 주는 인상이 일본의 전통 건축을 떠올리게 하고 또 그것이 대중의 감정을 건드릴 수 있다는 점을 간과한 것만은 건축가의 실수가 아니었을까? 그리고 이 모든 논란은 형태라는 요소가 직접적으로 그리고 즉각적으로 소통하는 방식에서 비롯된 거고 말이야. 그래서 전통에서 형태를 가져올 때는 우리의 기억과 인식에 자리 잡은 친숙한 요소를 여러 번 걸러 내는 과정을 거쳐야 해.

이 논란은 몇 년 뒤 사그라들었고, 김수근은 이후 한국적 공간 구조나 마당의 역할 같은, 전통 건축의 눈에 보이지 않는 특징을 현대 건축에 접목하는 데 집중했어. 특히 건물과 마당을 배치하는 과정에서 채움과 비움이 반복되는 시퀀스에 주목했지. 공간 사옥이 바로 그런 과정에서 탄생한 걸작이고. 그는 1980년대에 이르러 주한 미국대사관이라든가 서울중앙지방법원, 올림픽 주경기장 같은 한국의 현대 건축사의 한 페이지를 차지하는 큰 규모의 작품들을 남기고 1986년, 56세의 이른 나이에 암으로 세상을 떠났어.

그가 남긴 유산은 후대 건축가들에게 비옥한 양분이 되었지만, 최근 들어 박정희 전 대통령 때 설계한 그의 작품 중 하나인 남영동 대공분실이 취조와 고문에 최적화된 설계가 아니냐는 논란을 불러일으키면서 그의 작품에 대한 재평가가 이루어지는 분위기가 만들어졌지. 이것은 그 자체로 또 긴 이야기이니 다음 기회에 또 들려줄게.

한국성을 고민하다,
김중업

같은 한국의 1세대 건축가이긴 하지만, 김중업은 김수근과 사뭇
다른 삶을 살았어. 1922년에 태어났으니 김수근의 선배이고, 또
김수근이 서울대학교에 입학했을 때 교수로 있었으니 스승과 제
자 사이기도 해. 김중업은 1952년 이탈리아의 베네치아에서 열
린 세계예술가회의에 한국 대표로 참석했는데, 이때 르코르뷔지
에를 만나 그의 사무실에서 3년 남짓 일하게 돼. 김중업은 모든
에너지를 쏟아부으며 건축을 공부했고, 동양에서 온 젊은 건축
학도의 열정이 인상 깊었던 모더니즘의 거장은 그의 귀국을 만
류하기도 했대.

　1956년 귀국한 김중업은 본격적으로 자신만의 건축 작업을 개
시했어. 이때부터 약 15년에 걸쳐 단독 주택, 대학 캠퍼스, 병원,

호텔 등 수많은 작품을 남겼지. 특히 또 다른 모더니즘 건축의 거장 미스 반데어로에의 작품과 맥을 같이 하는 삼일빌딩을 설계하기도 했고. 지금도 청계천 앞에 군더더기 없는 날렵한 모습으로 우뚝 서 있는 바로 그 건물이야.

그런데 1970년에 일어난 와우아파트 붕괴 사고 때 정부 시책을 강하게 비판해 소위 정부의 블랙리스트에 오르면서 고초를 겪기 시작했어. 그러다가 지금은 상상할 수 없는 일이지만, 1971년 프랑스로 강제 출국을 당했지. 그뿐만이 아니야. 표적성 세무조사로 거액의 추징금을 내야 했고, 삼일빌딩의 설계비조차 제대로 받지 못해 경제적으로 파산 상태에 이르고 말았어. 정치인과의 친분으로 건축 산업의 중심에 서 있던 김수근과는 정반대의 길을 걸었다고나 할까? 다행히 프랑스에서는 그를 명망 있는 건축가로 대접해 주었고, 르코르뷔지에 재단 이사로 선임되기도 했어. 그렇게 8년을 프랑스에 체류하다가 1979년 박정희 사망 후 우리나라로 돌아와서 1988년 세상을 떠날 때까지 작품 활동에 전념했지. 그때의 대표적인 작품 중 하나가 올림픽공원 정문에 있는 평화의 문이야.

김중업은 르코르뷔지에의 영향을 강하게 받은 건축가라고 할 수 있어. 특히 마포아파트를 설계하면서 집을 거주하는 기계라고

세계의 평화를 기원하며 사신도를 그려 넣은 올림픽공원 입구의 평화의 문

불렀고, 동시에 콘크리트의 조형성을 최대한 살려 곡선의 형태
로 지은 동대문의 서산부인과 건물이나 제주대학교 본관을 보면
르코르뷔지에의 초기와 후기의 방향성을 모두 가지고 있는 것을
알 수 있지. 하지만 그것에만 머무르지 않았어. 김중업의 가장
큰 업적은 우리나라 전통 건축을 어떻게 모더니즘의 건축 언어

둥글둥글한 평면과 발코니가 특징인 동대문의 서산부인과 의원(현 아리움 사옥)

로 가져와야 할지 고민했다는 거야. 그 대표적 작품이 바로 1962
년에 지어진 주한 프랑스대사관이지.

지금 한창 활동 중인 건축가들에게 한국 최고의 현대 건축이
뭐냐고 물어보면 대개 김수근의 공간사옥을 가리키지만, 하나
더 꼽아 보라면 김중업의 주한 프랑스대사관을 이야기해. 당시
프랑스대사관은 두 개의 동으로 이루어져 있었는데, 본관은 평
평한 지붕으로, 사무동은 곡선을 이루며 네 끄트머리가 살짝 올

라간 지붕으로 설계되었지. 둘 다 한옥의 처마처럼 수직 구조체인 기둥에서부터 시원하게 뻗어 나간 느낌을 주는데, 특히 사무동은 전통적인 형태의 지붕선을 가져오면서도 최대한 단순하게 하나의 연속적인 곡선으로 정리해서 만들었어. 이런 방식의 디자인이 매끈한 콘크리트라는 재료의 특징과 잘 어울리면서 현대적인 조형미와 전통 양식의 우아한 느낌을 동시에 전달하는 독특한 건축물로 탄생하게 되었지.

재미있는 것은 평평한 지붕을 가진 본관은 기둥의 간격과 비례를 좀 더 한옥과 비슷하게 배치했고, 곡선 형태의 지붕을 가진 사무동은 기둥을 과감하게 가운데로 몰아 새로운 비례감을 주는 형태로 만들어 냈다는 거야. 김중업은 담요 한 장이 떠 있는 듯한 느낌으로 건물을 설계했다고 해. 만약 둘 다 곡선 지붕에 일반적인 한옥의 기둥 간격을 썼다면 전통 건축의 느낌이 지금보다 훨씬 강하게 났을 거야. 그런데 전통적 요소를 추상화해 현대적 조형 언어로 만들면서 두 개의 건물에 그 요소를 나누어 적용하는 방식으로 과거의 직접적인 인상을 적절하게 희석하고 새로운 조형미를 만들어 낸 게 아닌가 싶어.

김중업은 그만큼 형태라는 요소가 가진 직접성의 위험을 잘 알았고, 어떻게 하면 보는 이로 하여금 생각의 단계를 한 번 더 거치게 하는 형태를 만들어 넣을지 고민에 고민을 거듭한 게 아니

프랑스대사관 사무동 앞에서 촬영 중인 김중업

김중업 박물관에 전시된 프랑스대사관의 원안 모형

나도 한번
만들어 볼까?

었을까? 후기 대표작인 올림픽공원의 평화의 문도 역시 이런 형태를 정제하기 위한 노력이 돋보이는 작품이라고 생각해.

대사관이 완성되고 나서 그 작품성을 인정받아 김중업은 프랑스로부터 기사 작위를 수여받기도 했어. 그 이후 필요에 의해 여러 부분들이 증축이나 개축이 되었고, 아쉽게도 구조체의 균열과 보안상 문제 등의 이유로 지붕의 형태 또한 원래 디자인의 의도와는 다르게 변형되기도 했지. 하지만 2019년 다행스럽게도 프랑스대사관 측이 새로운 신축 건물을 계획하면서 예전의 본관과 사무동을 원안대로 복원한다는 계획을 발표했어. 그만큼 가치가 있는 문화유산으로 인식한 거지.

한국 현대 건축을 이야기할 때 반드시 등장하는 두 건축가 김수근과 김중업. 서양의 근대 건축을 받아들이고 그 바탕 위에 한국성을 고민했다는 점은 같지만 그들의 삶은 서로 반대의 궤적을 그렸고, 각각 전통적 형태를 모티브로 만든 작품들이 사람들로부터 받은 평가도 서로 달라. 사실 이런 고민은 근대 건축의 본고장인 서양에서는 벌어지지 않는 일이야. 지금 이 땅에서, 전통 건축과 현대 건축이라는 두 개의 완전히 다른 토양에서 작업을 해야하는 우리나라의 건축가들이 짊어져야 할 무거운 짐인 셈이지.

5

건축과 도시

도시와 건축은
서로 어떤 영향을 주고받을까?

도시와 건축은 어떻게 다를까? 먼저 이런 단순한 질문에서부터 이번 이야기를 풀어 보려고 해. 먼저 건축은 우리가 사는 집이나 일상을 지내는 건물 하나하나이고, 도시는 이런 건물들이 모여 있는 것이라고 하면 누구나 고개를 끄덕이겠지. 하지만 곰곰이 생각해 보면 둘 다 사람이 만들어 낸 환경이고, 사실 그 스케일만 다를 뿐 어디까지가 건축이고, 어디서부터가 도시인지 구분하기 애매하다는 걸 깨닫게 될 거야. 건물 하나만 달랑 있는 건 건축이 맞는 것 같은데, 그럼 건물이 두 개 또는 열 개가 모여 있으면? 길로 구분되는 가로 블록 하나는? 아파트 단지는?

건축과 도시에 대한 이야기가 흥미로운 건, 이렇게 정확한 경계를 찾을 수 없을 정도로 연속 선상에 놓여 있으면서도 서로 다른 성격을 가지고 있다는 점이야. 그래서 그 사이에 묘한 긴장감이 만들어지기도 하지. 요즘 만들어지는 건물들은 대부분 도시 계획이라는 틀의 지배를 받아. 예를 들면 보도에서 몇 미터 간격을 두고 건물을 지으라든가, 차들이 드나드는 출입구는 저쪽에만 만들라든가, 이쪽은 시가지의 넓은 도로를 향해 열린 구조, 즉 창을 만들라든가 하는 식이야. 그렇다면 건축은 도시 계획에 의해 결정되는 수동적이기만 한 존재일까? 그렇지 않아. 강한 개성을 지닌 건축물이 들어서거나 사람들이 많이 몰리는 가게가 생기면, 이로 인해 그 거리나 동네 분위기가 차츰 변하는 것을 보았을 거야.

큰 건물은 사람들이 다니는 흐름을 바꿔 놓기도 하고, 또 많이 모일 만한 곳을 새롭게 만들어 내기도 하지. 게다가 요즘 여러 지방 자치 단체들이 추진하는 도시 재생 사업도 따지고 보면 작은 건축 단위의 사업이 여럿 모여 이루어지는 경우가 많은데, 그 결과로 그 지역에 지금까지와는 다른 새로운 역할이 주어지기도 해.

흔히 도시는 인위적으로 만들어지는 것이냐, 아니면 자생적으로 만들어지는 것이냐는 질문을 하곤 해. 그런데 다시 이 질문을 들여다보면 도시란 도시 계획에 의해서 만들어지는 것이냐, 아니면 개별 건축물에 의해 만들어지는 것이냐는 질문으로 바꿀수 있어. 그렇다면 그 답은 무얼까? 당연한 이야기지만 도시마다, 또 거리마다 경우가 다 달라. 하지만 확실하게 말할 수 있는 것은 우리가 알고 있는 대부분의 도시는 두 성격이 모두 있다는 거야. 결국 하나의 도시가 어떤 역사를 거쳐 왔는지가 중요한데, 그 결과에 따라 지금 우리가 보는 그 도시의 형태가 결정되었다고 할 수 있지.

서울만 해도 초기에는 조선 왕조가 들어서면서 만들어진 계획 도시였지만, 그 이후 어떤 부분은 사람들이 몰려들면서 무계획적으로 덧붙여졌고 또 어떤 부분은 체계적인 계획에 따라 확장되기도 했어. 유럽에도 중세 시대에 만들어진 오밀조밀하고 복잡한 옛 도심을 가운데 두고, 그 주변을 근대 이후 시원시원하게 구획한 신시가지가 둘러싸고 있는 경우가 많아.

왕정 국가가 일반적이었던 고대에는 도읍을 옮기거나 권력을 과시하기 위해 계획도시를 만들었다면, 근대에 가까워지면서 좀 더 경제나 환경 문제와 같은 합리적인 이유로 계획도시를 만들었어. 관광지로 유명한 스페인의 바르셀로나가 대표적인 근대의 계획도시인데, 19세기 초 급격한 산업화에 따라 주거 환경이 열악해지자 네모난 블록을 바탕으로 한 계획에 따라 도시를 확장한 거야. 한 변이 110미터가량인 정사각형 블록의 중앙에는 모든 사람들이 같이 쓸 수 있는 공원을 만들어 채광과 공기 순환이 이루어지도록 했지.

격자형의 바르셀로나 가로 구획

또 다른 사례는 19세기 말 영국에서 있었던 전원 도시 운동이
야. 에버니저 하워드라는 도시 계획가의 제안이 그 핵심인데, 자
연과 공생하며 자급자족이 가능한 이상적인 도시를 만들자는 움
직임이었지. 급속한 산업화로 여러 사회나 환경 문제에 골머리
를 썩던 당시 영국의 상황으로는 당연한 제안이라고 할 수 있어.

그 내용을 보면 동심원 모양으로 여섯 개의 방사형 대로가 중
심에서부터 뻗어 나가는데, 그 끄트머리에는 위성 도시가 놓이
고 그 사이를 녹지와 농경지가 메우는 식이야. 계획안만 보면 정
말 살기 좋은 여유 있는 도시라는 생각이 들지? 실제로 전원 도

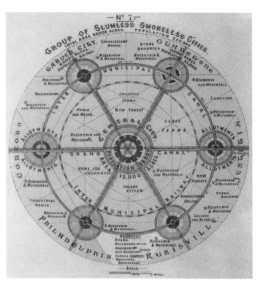
에버니저 하워드의 전원도시 계획안

시는 영국의 래치워스와 웰윈이라는 도시를 시작으로 유럽과 북
아메리카 여러 곳에 만들어졌어. 하지만 그저 사람들이 잠만 자
는 이른바 베드타운으로 전락한 경우가 많았지. 원인은 여러 가
지가 있지만 도시는 사람이 원하는 대로 만들어지는 게 아니라
는 걸 보여 주는 사례인 셈이야.

요즘 뉴스에서 신도시 이야기를 많이 하는데, 이런 곳은 아파트
가 가장 일반적인 주거 방식인 우리나라 여건상 아파트 단지를
중심으로 한 계획도시가 대부분이야. 이 밖에 상업 시설과 공원,

그리고 구체적으로 공공시설과 교육 시설, 종교 시설 같은 건물들이 들어설 위치를 정하지. 이런 걸 지구단위계획이라고 해. 혹시 살고 있는 곳 근처의 신도시를 돌아볼 기회가 있다면, 어떤 규칙을 가지고 만들어졌는지 짐작해 보는 것도 재미있을 거야.

이렇게 도시 계획은 뭔가 관계를 설정하고 체계와 조직을 만드는 설계의 스케일이 건축의 영역에서 도시의 영역으로 확장된 것이라고 볼 수 있어. 그렇다면 반대로 건축을 설계할 때 도시적 관점을 건축의 스케일로 가져오면 어떤 일이 벌어질까? 도시가 가진 여러 매력들을 건축 안에서 어떤 방식으로 드러낼 수 있을까? 여러 가지를 생각해 볼 수 있겠지만, 여기서는 세 가지만 이야기해 보려고 해.

먼저 도시의 큰 특징은 건물과 건물이 만들어 내는 관계에 있어. 기본적으로 도시란 여러 건물들이 모여서 만들어지는 것이니까 말이야. 그 관계는 실로 무궁무진하지. 서로 크기가 다르거나 비슷할 수도 있고, 그 사이 공간이 아늑하거나 또는 답답할 수도 있어. 서로 각도가 다르게 서 있으면 긴장감을 만들어 내기도 하지. 물론 하나의 대지 안에 여러 건물을 세운다면 건물 간의 관계를 이런 식으로 연출을 할 수도 있어. 또 어떤 건물은 건물의 아래층을 판처럼 깔고 그 위에 몇 개의 덩어리를 올려놓아 비슷한 연출을 하기도 해. 우리나라 대표 건축가인 승효상의 역작 '웰

하나의 포디엄Podium 위 네 개의 박스로 이루어진 웰콤시티

콤시티'가 이런 방식으로 만들어졌지. 분명 한 덩어리의 건물인데 중간층에 마당 같은 것이 있고 그 위에 마치 작은 도시처럼 몇 개의 건물이 여러 관계를 만들어 내는 식이야.

또 다른 방식은 건물 안에 산책로를 만드는 거야. 산책이야말로 도시에서 별로 힘들이지 않고 할 수 있는 가장 매력적인 일 중 하나라고 생각해. 사실 대형 아파트 단지로 이루어진 신도시에서는 산책하고 싶은 생각이 별로 들지 않지만, 오래된 도심은 구불구불한 길과 시간이 만들어 낸 흔적을 찾아다니는 즐거움을 줘. 산책로를 영어로 프롬나드promenade라고 하는데, 이걸 건축을 통해 구현하려는 시도는 모더니즘 때부터 중요한 건축의 주제로 등장하기 시작했어. 전에 이야기했던 모더니즘의 대표적인 건축가 르코르뷔지에의 작품에도 이런 특징이 잘 드러나 있지. 건물을 들어 올려 1층을 외부 공간으로 만들고 주변의 거리가 관통하게 만드는 간단한 방식부터 계단과 테라스, 연결 다리 같은 것을 적극적으로 이용해 건물의 안과 밖을 드나드는 복잡한 길을 만드는 기법까지 건축 공간을 흥미롭게 만들기 위해 지금까지 많은 건축가들이 노력을 기울여 왔어.

마지막으로 소개할 방식은 도시의 공원과 같은 열린 공간을 건축 안으로 가져오는 거야. 작게는 발코니나 테라스도 건축이 품고 있는 외부 공간이지만, 마치 공원이나 도시 광장의 일부를 들어 올린 것처럼 건축물을 만들기도 하지. 현실적으로는 운영이나 관리의 측면에서 여러 어려움이 있긴 해도, 한때는 거의 유행이다 싶을 정도로 우리나라 공공 건축들이 건물 위에 정원 비슷한 것을 만들던 시기가 있었을 정도야. 여러 조건들을 섬세하게 살피지 않고 이런 제안을 던지는 것은 좀 문제가 있기는 하지만, 도시 자체에 열린 공간이 부족한 현실에서는 건축이 이런 역할을 하려는 태도는 바람직하다고 생각해. 원래는 도시가 제공해 줘야 하는 것들이잖아?

이렇게 건축과 도시가 떼려야 뗄 수 없는 복잡한 관계로 얽혀 있다는 것을 어렴풋이 알았을 거야. 그럼 이제 실제의 사례를 살펴볼 차례겠지? 먼저 온전히 새롭게 만들어진 계획도시를 통해

건축이 어떻게 도시를 정의할 수 있는지를 알아보고, 그다음에는 몇 개의 건축 프로젝트를 통해서 어떻게 건축이 도시적인 특징을 품을 수 있는지 들여다보자.

땅을 갈라 건축물을 묻고 길을 만든
도미니크 페로의 이화캠퍼스복합단지

이런 건물은
처음 봐요!

세종시:
모든 것을 새롭게 빚어낸 계획도시

충분히 짐작할 수 있겠지만 하나의 도시를 맨땅에서 새롭게 만들어 내는 일은 쉽지 않을뿐더러 그리 흔한 것도 아니야. 하지만 실제로 세계 역사를 살펴보면 이런 일이 몇 번씩 있었는데, 앞에서도 이야기했지만 강력한 권력을 가진 국가 체제 아래서 정치적인 이유로 만들어진 경우가 대부분이었어. 그렇기 때문에 현대에 와서 주거 문제를 해결하기 위해서, 또는 산업 단지를 개발하려는 목적으로 지어지는 작은 주변 도시 말고는 스스로 작동할 정도의 큰 도시를 새로 만드는 일은 정말로 보기 힘들다고 할 수 있지.

그런데 놀랍게도 얼마 전에 우리나라에서 그런 일이 일어났어. 바로 행정중심복합도시를 품은 세종시 이야기야. 21세기에 지어지는 계획도시답게 이전에는 아무도 시도해 본 적이 없는 새로운 개념으로 미래의 삶을 담겠다는 야심찬 계획이었지. 이번 이야기에서는 과연 어떤 생각들이 세종시를 만드는 밑거름이 되었는지, 그리고 그 성과는 과연 어떻게 보아야 할지를 다루어 보려고 해.

국토의 균형 발전이 우리나라의 여러 사회 문제를 해결하기 위한 중요한 과제라고 한다면, 서울과 수도권에 몰린 인구와 이에 따른 경제, 행정, 교육, 문화 등의 사회적 기능을 어디론가 덜어 내야 한다는 주장에는 크게 반대하기 어려울 거야. 2002년 당시 대통령 후보였던 노무현 전 대통령이 새로운 행정 수도의 건설을 공약으로 내세운 것도 바로 이런 이유였어.

청와대 정부 부처를 포함한 주요 국가 기관을 모두 옮긴다는 것은 사실 수도 자체를 옮기는 것과 같기 때문에 많은 논란을 불러일으켰지. 헌법재판소의 판단까지 거치면서 결국에는 청와대와 일부 부처를 제외한 대부분의 정부 기관을 옮기는 것으로 변경되어 계획안이 확정되었어. 세종시라는 도시 이름이 만들어지기 전이라 그 도시가 수행할 기능에서 이름을 가져와 '행정중심복합도시'라고 불렀지. 줄여서 행복도시라고도 했고. 지금도 여전히 행정중심복합도시는 세종시라는 큰 행정 구역 안에 정부 부처가 집중된 도심 지역을 가리키는 이름으로 쓰이고 있어.

지금까지 사례가 없었던 국가적 차원의 대규모 신도시 계획이었기 때문에 많은 연구와 아이디어 공모가 뒤따랐지. 그러나 언제나 그렇듯 충분한 시간이 주어지지는 않았어. 큰 사업일수록 정치적으로 공격을 받는 경우가 많고, 적당한 때를 놓치면 힘을 잃고 잘못된 방향으로 나가기 쉬우니까 말이야. 빠듯한 일정에도 과연 우리가 만들고자 하는 도시는 어떠해야 하는가에 대한 기본적인 아이디어를 묻는 공모전이 2005년 말에 열렸어. 전 세계에서 100개가 넘는 안이 제출되었고, 하나가 아니라 다섯 개의 작품이 최종 당선작으로 선정되었지. 도시를 바로 짓기 위한 실질적인 계획안을 결정하는 것이 아니기에 가능한 결과였어.

당선된 다섯 개의 작품들은 서로 맥락이 닿는 공통점을 가지고 있었는데, 가장 두드러진 것이 도시 한가운데에 녹지를 놓거나 도시 기능을 하는 작은 단위를 여러 개로 만들어 흩뿌려 놓는, '탈중심'이라는 개념이었어. 이런 아이디어는 다음 단계 공모전의 중요한 밑거름이 되었지.

그렇게 해서 2007년 '행정중심복합도시 중심행정타운 마스터플랜' 국제 공모가 열렸어. 마스터플랜이란 간단히 말해 건물들을 어떤 방식으로 땅에 앉힐 것인지를 결정하는 큰 단위의 계획을 말해. 중심행정타운은 행정중심복합도시 안에서도 가장 중심이 되는 정부 청사 건물들이 모인 곳이니 말하자면 도시에서 제일 먼저 지어질 건물이 되겠지. 워낙 중요한 공모전이니만큼 수많은 제출작들이 서로 치열한 경쟁을 벌였는데, 결국 우리나라를 대표하는 큰 설계사무소 중 하나인 해안건축의 '플랫 시티, 링크 시티, 제로 시티Flat City, Link City, Zero City'라는 안이 당선되었어. 기존의 권위적인 청사와는 전혀 다른, 저층 곡선 모양이 파격적인 안이었지. 도시 마스터플랜이지만 하나의 연속된 건축물이 중심이 된다는 점도 매우 두드러진 특징이었고. 당시 워낙 많은 화제를 불러일으킨 안이니만큼 핵심 아이디어를 좀 더 자세히 살펴봐도 좋을 것 같아. 미리 말해 두는데 이 이야기는 도시에 대한

플랫 시티, 링크 시티, 제로 시티 마스터플랜

이야기인 동시에 건축에 대한 이야기이기도 해.

그때까지 우리가 알고 있던 큰 시청이나 관공서 건물은 주변에 비해 높이도 높고 뭔가 권위적인 느낌을 주는 경우가 많았다면, 해안건축이 제안한 새로운 정부 청사 건물은 국민에게 서비스를 제공하는 현대적 개념의 정부 기능을 상징하듯 낮은 높이의 굽이치는 듯한 형태를 하고 있어. 좀 더 큰 의미를 찾자면 우리나라의 중요한 국가적 이념인 민주주의와 평등을 시각적으로 보여 준다고도 할 수 있지. 플랫 시티란 바로 이걸 뜻하는 거야.

그럼 링크 시티란 무얼까? 이건 바로 플랫 시티라는 물리적 특성이 가져다주는 사회적 연결망을 가리킨다고 볼 수 있어. 건물이 낮고 넓게 펼쳐진다는 것은 그만큼 어디엔가 닿아 있을 가능성이 크다는 의미고, 그건 다시 말하면 새로운 도시가 평등한 관계 아래 민주적 소통을 이루게 된다는 뜻이지. 마지막으로 이렇게 계획된 도시는 그만큼 에너지를 덜 쓰게 만들 수 있어. 넓게 펼쳐진 건물의 지붕 위에 정원을 꾸미고 바로 그 아래층에는 주차장을 두어 건물이 환경적인 영향을 덜 받게 만들자는 거지. 주차장이 없어진 지상은 보행자를 위한 쾌적한 거리가 되는 거고. 적게 쓰고 적게 버려서 환경에 부담을 거의 주지 않는 도시가 바로 제로 시티가 추구하려고 하는 도시의 모습이야. 듣기만 해도 가슴이 뛰는 멋진 도시지?

그럼 과연 이런 이상적인 도시가 계획대로 만들어졌을까? 아직도 건축계에서는 여러 주장이 서로 대립하고 있는 것 같은데, 그 말은 성공한 부분도 있고 그렇지 못한 부분도 있다는 뜻이야. 간단하게 몇 가지만 짚고 넘어가자.

일단 처음 마스터플랜이 제안한 몇 가지 중요한 아이디어가 현실의 벽을 넘지 못했어. 예를 들어 세계에서 가장 긴 옥상 정원으로 기네스북에 이름을 올린 청사 건물 위의 옥상 정원은 그 자체로는 너무나 매력적이지만 보안의 관점에서는 쉽지 않은 문제였지. 결국 평일에는 근무하는 공무원들에게만 열린 반쪽짜리 정

주말에만 일반 시민에게 개방되는 정부 청사 건물 위 옥상 정원

원이 된 거야. 또 주차장을 지붕 바로 아래에 놓겠다는 생각도 일반적인 주차장에 대한 관념과 너무나 달라서 결국 실제 설계를 풀어 나가는 과정에서 없어지고 말았어. 그리고 무엇보다 넓게 펼쳐진 사무 공간은 이동 거리가 너무 길어 사용하기 불편하다는 주장도 제기되었지. 물론 처음의 아이디어를 옹호하는 쪽에서는 단점보다는 장점이 더 많다고 말해. 심리적으로는 길게 느껴질지 몰라도 실제 이동 거리는 일반적인 높은 건물과 크게 다를 바 없고, 젊은 공무원들은 딱딱하게 생긴 관공서와 달리 세련된 곡선 형태의 건물에서 공무원 생활에 활력을 느낀다는 거야.

이에 대해서는 전문가들의 심도 깊은 토론이 필요하다고 생각해. 아빠의 개인적인 생각을 묻는다면, 저층의 곡선 형태라 할지라도 건물 자체의 존재감이 너무 강해서 도시를 걸어 다니면서 좀 위압적인 느낌을 받은 것 같아. 같은 아이디어라도 조금만 더 스케일이 작았더라면 좋지 않았을까 생각해. 그럼 이동 거리가 길다는 불만도 적었을 테고.

사실 중심행정타운은 세종시의 핵심인 행정중심복합도시 안에서도 아주 작은 일부분에 불과하기 때문에, 전체적인 도시 구조에 대한 이야기를 좀 더 하고 이야기를 마무리하기로 하자. 크게 두 가지를 들여다봐야 할 것 같은데, 하나는 녹지고 또 하나는 아파트 단지야. 행정중심복합도시는 중심행정타운 옆에 아주 큰 공원을 가지고 있어. 이 공원의 계획안 또한 공모전을 통해 결정했는데, '오래된 미래'라는 멋진 제목을 가진 안이었지. 그 제목과 어울리게 처음부터 완성된 공원이 아닌, 자연을 존중하며 발전하는 도시와 함께 성장하는 공원을 목표로 했고 말이야. 워낙 그 규모가 방대한 탓에 도시 자체의 녹지 비율은 결코 부족하지 않아. 공원 계획도 여러 차례 우여곡절을 겪었지만, 나름 도시가 자랑할 만한 대표 공원으로 내세울 정도가 되었지.

그런데 조금 아쉬운 느낌이 드는 이유는, 과연 저렇게 큰 공원이 생활과 얼마나 밀접한 관계를 가질 수 있을까 하는 의문 때문이야. 전체적인 녹지의 면적은 그대로 유지하면서 공원을 더 작은 덩어리로 쪼개어 도시 곳곳에 흩뿌려 놓았으면 어땠을까 하는 거지. 물론 지금도 나무가 많은 산책로나 보행자를 위한 도로가 잘 만들어져 있어서 크게 아쉬움은 없지만, 도시를 너무 큰 단위로 나누려는 시도가 좀 불편해 보여.

아파트 단지에 대한 생각도 비슷해. 세종시도 아파트 단지만 놓고 보면 우리나라의 다른 신도시와 크게 다를 바 없어. 특히 중심행정타운은 건물을 낮게 만들어서 친근한 느낌을 주려 했지만, 그 주변을 온통 높은 아파트가 둘러싸서 주변의 아름다운 산을 가리는 경우가 많아. 우리나라는 대개 토지주택공사라는 공공기업이 신도시 건설을 주도하는데, 땅을 사서 계획과 시공을 하고 분양하는 모든 과정이 일사천리로 이루어질 정도로 도식화되어 있어. 그 결과로 만들어진 것이 커다란 단위의 도시 블록이야. 덩어리가 클수록 다루기가 쉽기 때문이지. 신도시를 가 보면 거리를 걸어 다닐 때 뭔가 너무 넓고 피곤한 느낌이 들 때가 있잖아. 횡단보도도 너무 길고 말이야. 그 원인에는 이런 이유도 있는 거야. 세종시 또한 마찬가지인 거고.

하늘에서 내려다본 행정중심복합도시 중심행정타운 전경

그래도 세종시 주민들의 만족도는 높은 편이야. 정부 청사를 중심에 두고 편의 시설과 녹지가 풍부한 세종시가 인기가 많은 것은 어떻게 보면 자연스러운 현상이지. 하여튼 이렇게 하나의 도시를 새롭게 만들면서 많은 논란도 거치고 공모전도 여러 번 하는 경우는 지금까지 없었기 때문에, 이런 이야기들이 앞으로 우리가 만들어 나갈 환경을 고민할 때 많은 양분이 되었으면 해.

도시를 잇는 건축:
세 개의 프로젝트

지금까지 새로 만들어진 도시에 대한 이야기를 했다면, 이번에는 건축 설계를 중심에 놓고 도시에 대한 이야기를 해 보려고 해. 즉 도시에 대한 관점의 변화가 건축 설계를 어떻게 바꾸었는지, 그리고 그렇게 달라진 건축이 다시 도시에 어떤 영향을 주었는지를 살펴보는 거야.

사실 도시는 예전부터 계속 있어 왔는데, 도시를 바라보는 사람들의 관점은 시대에 따라 변해 왔어. 고대나 중세부터 들여다보긴 너무 길어질 것 같으니까 앞서 살펴봤던 근대, 즉 모더니즘 시기에 대한 이야기부터 해야 할 것 같아. 우리는 지금 설계의 대상으로 도시를 보고 있기 때문에, 건축가라는 직업이 높은 곳에서 중요한 결정을 내리는 자리라는 인식이 어느 정도 굳어진 모

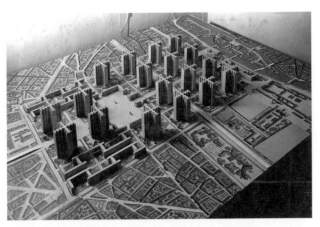
르코르뷔지에의 도시에 대한 아이디어를 집약한 '빛나는 도시' 계획안

더니즘 시기를 먼저 이해할 필요가 있다는 말이지.

앞에서 이미 모더니즘에 대한 이야기를 길게 했으니, 르코르뷔지에를 바로 불러내도 성급하지는 않으리라 믿어. 그는 다재다능한 건축가답게 도시 설계에도 큰 발자취를 남겼는데, 그중에서도 '빛나는 도시'라는 도시 계획안이 특히 눈에 띄지. 이 계획안에서 그는 높게 솟은 건물들을 도시 한가운데로 모은 다음, 주변은 녹지와 공원을 펼쳐 놓고, 그 위로 시원하게 뚫린 차로를 놓아 교통을 해결하고자 했어. 뭔가 눈에 명쾌한 그림이 확 그려지는 느낌이지?

그런데 이게 장점인 동시에 약점이 되었어. 사람이 사는 도시라는 게 너무 복잡하고 서로 다 얽혀 있어서, 뛰어난 한 사람이

영감에 사로잡혀서 모든 것을 예측해 디자인하는 게 거의 불가능하거든. 모더니즘은 말하자면 몇 명의 거장들이 주름잡던 수퍼 히어로의 시대였는데, 그 시대가 치명적인 약점을 보이며 사그라들자 그들이 그렸던 이상적인 도시의 모습들도 꿈에 불과한 것이 아닌가 하는 의심을 받게 되었어. 그 과정에 대해서는 포스트모더니즘을 다룰 때 이야기한 거 기억나지?

때마침 건축가들과 사회학자들이 이런 복잡한 도시를 이해하기 위해 새로운 생각의 틀에 관심을 가지기 시작했어. 명쾌하고 이분법적이며 나와 너, 주체와 객체의 구분이 뚜렷한 모더니즘의 철학 대신 상대성과 이질성, 다원성을 중요시하고 지금까지 믿어 왔던 여러 개념을 해체하는 포스트모더니즘 철학이 바로 그것이야. 앞에서 렘 콜하스를 설명하면서 이야기했던 철학자 들뢰즈도 바로 여기에 해당되지. 이런 관점에서 보기 시작하면서 우리가 지금까지 거들떠보지도 않았던 모호하고 혼란스러운 여러 개념들이 바로 우리가 살아가는 도시를 이해하는 데 중요한 역할을 할 수 있다는 걸 알게 된 거야.

건축가들은 새로운 삶의 방식을 만들어 내겠다는 자신감 넘치던 태도를 버리고 좀 더 조심스러운 태도로 변화무쌍한 도시의 조건을 건축에 담기 위한 실험을 시작했어. 이번에는 그런 시도를 잘 보여 주는 세 개의 프로젝트를 골라서 좀 더 자세히 들여다

보려고 해.

먼저 소개할 프로젝트는 우리가 앞에서 만나 본, 현대의 가장 지적인 건축가라고 해도 과언이 아닐 렘 콜하스의 초기작 '쿤스탈'이야. 나중의 화려한 작품들에 비하면 그다지 볼품없는 상자형의 건물 아니냐고 할 수도 있지만, 사실은 그의 도시와 건축에 대한 생각을 가장 잘 드러낸 중요한 작품이고, 아빠가 학교를 다닐 때는 반드시 짚고 넘어가야 했던 동시대 건축의 걸작 가운데 하나였던 걸로 기억해. 네덜란드 로테르담에 있는 박물관이자 현대미술 갤러리로 사용되는 이 건물은 건축학도들의 성지처럼 여겨지고 있지.

이 건물은 외관이나 평면도보다는 단면도와 다이어그램을 보는 편이 더 이해가 빨라. 이 건물이 놓인 대지는 앞뒤의 높이 차이가 꽤 나는데, 그걸 완만하게 기울어진 판을 통해 잇는 것으로 설계가 시작되기 때문이지. 건축에서는 이걸 경사로, 영어로는 램프라고 하는데 계단보다 훨씬 느리게 올라가거나 내려가기 때문에 여유 있게 높이의 변화를 경험할 수 있는 특징이 있어.

그런데 좀 더 생각해 보면 우리가 걸어 다니는 길 중에 평평하지 않고 기울어진 길들이 꽤 많다는 걸 알 수 있을 거야. 말하자면 쿤스탈은 이런 도시의 특징을 건물 안으로 가져온 거라고 볼 수 있지. 그런데 콜하스는 여기서 그치지 않고 건물 내부의 판,

겉보기에는 다소 평범해 보이지만 주변 환경과 다양한 방법으로 연결되어 있는 쿤스탈

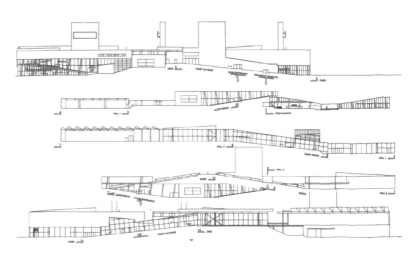

기울어진 여러 개의 길로 이루어진 쿤스탈 단면도

즉 바닥도 같은 방법으로 기울였어. 마치 도시의 비탈길이 그대로 건물 내부로 이어진 것처럼 만든 거지. 그래도 어디까지나 건축이기 때문에 어딘가에 안과 밖을 구분하는 벽이나 창을 만들어야 하지만, 서로 이어진 여러 개의 기울어진 바닥으로 만들어졌다는 점에서는 안과 밖의 명백한 구분이 없다고도 볼 수 있어.

이렇게 판을 또 다른 판이 뚫고 지나가면서 복잡하고 역동적인 공간과 동선의 구성이 만들어지는데, 이런 걸 도시 위상학이라 부른다고 앞에서 한 번 이야기했지? 겉으로는 건물과 도시의 경계가 한눈에 보이는 상자형 건물이지만, 그 안의 구성은 놀랍도록 세련된 방식으로 도시를 닮으려 하고 있고, 결과적으로 주변의 도시 맥락과 치밀하게 이어져 있지. 도시에 대한 이해와 배려가 건축 설계를 다른 차원으로 끌어올린 상징과도 같은 건축인 거야.

이번에는 쉽게 가 볼 수 있는 프로젝트에 대해서 이야기해 볼까? 서울 신촌에 있는 이화여자대학교에 들어서면 본관까지 가는 길이 한눈에 들어올 거야. 땅 한가운데를 갈라서 살짝 내려갔다 올라오는 길이 눈앞에 펼쳐져. 이게 바로 프랑스 건축가 도미니크 페로가 2004년 국제 설계 공모에서 당선되어 완성한 이화캠퍼스복합단지Ewha Campus Complex야. 줄여서 ECC라고도 부르고. 보통 건물이라면 땅 위로 뭔가 솟아 있어야 하는데, 갈라진 땅 옆에 유리로 된 벽이 있으니 어떻게 보아야 할지 좀 난감하지?

원래 프로젝트를 발주한 이화여자대학교 측은 이 건물이 서울의 랜드마크가 되기를 원했어. 랜드마크란 한눈에 알아볼 수 있을 정도로 특징이 두드러진 건물이 우뚝 솟아 있는 걸 생각하게 되잖아. 그런데 페로는 원래 운동장이었던 땅을 파고 갈라서 건물을 묻기로 했어. 말하자면 정문과 본관을 잇는 길을 먼저 만들려고 한 거지. 그리고 반짝이는 스테인리스 프레임으로 만든 유리벽, 즉 커튼월을 양옆에 펼쳐 한번 보면 잊을 수 없는 광경을 만들었어. 굳이 말하자면 눈으로 보아서 알 수 있는 시각적인 랜드마크가 아니라, '거기에 그런 것이 있다'는 걸 기억하는 것만으

로 작동하는 인지적인 랜드마크를 만든 거야. 게다가 그 기억의 대상으로 툭 튀어나온 양의 볼륨을 가진 덩어리로서의 건물 대신 쑥 들어간 음의 볼륨을 가진 비움으로서의 공간을 제안한 거지. 공간을 차지하는 건물과 공원처럼 열린 공간이 공존하는 도시의 특징을 건축이 받아들인 결과라고 볼 수 있어.

도시와 캠퍼스를 적극적으로 잇겠다는 생각에서 출발했지만, 한 가지 아쉬운 점은 캠퍼스 내부는 오히려 단절이 심해졌다는 거야. 처음 떠올린 아이디어가 너무 강렬했던 탓인지, 200미터가 넘는 갈라진 틈은 중간에 건너갈 수 있는 기회가 전혀 없이 만들어졌어. 프로젝트를 이끄는 원동력이라 할 건축 개념을 선명하

⇑ 하늘에서 본 이화캠퍼스복합단지
⇐ 스테인리스 커튼월로 만든 통로 옆 건물의 외벽

게 살리는 것과, 여러 경우를 고려해서 이용의 편리성에 손을 들어 주는 것 사이의 갈등은 어떤 건축물이 되었든 모든 건축가가 가장 힘들어하는 지점이라는 것 정도만 이야기할게.

마지막으로 꼭 하고 싶은 이야기는 서울 한복판에 있는 세운상가와 도시 재생에 관한 거야. 사실 세운상가는 그것 하나만으로 워낙 길고 복잡한 역사가 있어서 간단하게 짚고 넘어가기 쉽지 않지만, 여기서는 앞부분은 간단하게 줄이고 우리 이야기의 맥락에 맞는 핵심만 짚고 넘어가기로 하자.

세운상가는 1967년부터 약 5년에 걸쳐 세워진 우리나라 최초의 주상 복합 건물이자 길이가 약 1km에 달하는 거대 구조물이야. 앞서 보았던 우리나라의 대표 건축가 김수근의 작품이지. 그 역사를 따져 보면 원래는 일제 강점기 때 일제가 연합군의 공습에 대비하고 화재를 막으려고 비워 둔 땅이었어. 한국 전쟁 이후 이재민들이 몰려들어 판자촌으로 변하면서 도시의 감추고 싶은 지역이 되었고, 이후 소위 불도저라고 불린 김현옥 서울 시장이 박정희 전 대통령의 깊은 관심을 등에 업고 서울 도심부 최초의 재개발 지구 사업으로 추진하면서 만들어진 곳이야.

기본적인 구조를 살펴보면, 지상은 자동차를 위해 차도와 주차장으로 내어주고 3층 높이에 보행로를 놓아 8개에 달하는 건

하늘에서 본 세운상가

물을 연결했어. 말하자면 종로3가에서 남산에 이르는 1km의 보행 쇼핑몰을 만든 거야. 이런 아이디어는 어디서 들은 적이 있지? 비록 지상과 공중의 역할은 뒤바뀌었지만, 거대 구조물을 내세워 차량과 보행자를 구분하고 그 위에 주거를 담당하는 높은 건물들을 세운다는 계획은 르코르뷔지에로 대표되는 모더니즘 건축의 전형적인 접근 방식이지. 당시 이런 규모와 방식의 건축은 서울은 물론 세계적으로도 비슷한 사례가 별로 없을 정도로 낯설었기 때문에 많은 이들이 호기심으로 발걸음을 옮겼고, 나름 큰 성공을 거둔 것처럼 보였어.

하지만 거품이 사라지고 나자 애물단지로 전락하기 시작했어. 원 설계안의 여러 아이디어가 세밀하게 실현되지 못한 데다 주거와 상업 기능이 서로 충돌한 것도 원인이었지만, 무엇보다 동서 방향으로 발달한 서울의 교통 체계에 반해 남북 방향으로 길게 늘어선 배치가 근본적인 문제라는 지적이 잇따랐지. 도시의 기본 구조와 맥락을 무시한 계획이라는 점에서 모더니즘 건축의 약점을 그대로 보여 준 꼴이었어.

1970, 80년대를 거치면서 명동과 강남으로 서울의 중요한 상권이 옮겨지고 세운상가에는 소규모 전자부품 업체만 들어서면서 점차 낙후된 분위기로 바뀌어 다시 서울의 골칫거리로 전락하고 말았지. 이후 몇 번의 재개발 계획이 있었지만 두드러진 성과를 보이지는 못했어. 심지어 전면 철거 계획까지 있었지.

그런데 2010년대가 되어 도시 재생이라는 개념이 중요한 화두로 등장하면서 세운상가의 새로운 가능성이 조명되기 시작했어. 특히 이 시기에 서울시를 지휘했던 박원순 시장의 철학과 맞아떨어지면서, 그 기능이 다해 낙후되어 외면받던 서울의 여러 지역이 새로운 공간으로 재탄생되어 도시 공간에 활력을 불어넣었지. 도시를 잇는다는 것은 물리적 공간을 만드는 하드웨어의 측면도 중요하지만, 생명을 다한 기능 대신 지금 필요한 새로운 기능을 채워 넣는 소프트웨어의 측면도 반드시 고려해야 해. 그런

'다시-세운' 프로젝트로 활기를 찾고 있는 세운상가(온디자인 건축사사무소 설계, 사진 ⓒ문덕관)

관점에서 세운상가는 전기, 전자와 관련된 도심 산업의 거점과 홍보지로서의 역할이 검토되었고, 요즘 관심거리가 되고 있는 메이커 스페이스로서의 가능성에 주목했어. 이게 바로 2016년에 착수된 '다시-세운' 프로젝트의 배경이야. 여러 차례 공모전을 통해 조금씩, 단계별로 새로운 것을 덧대는 작업이 이루어졌고 또 앞으로도 이루어질 예정이지. 한때 철거될 운명에 놓였던 거대한 공룡과도 같은 모더니즘 시대의 유산이, 새로운 시대를 맞아 다시 새로운 쓰임새를 찾아 가며 조금씩 변하는 모습을 보는 것도 참 의미 있는 일이라고 생각해.

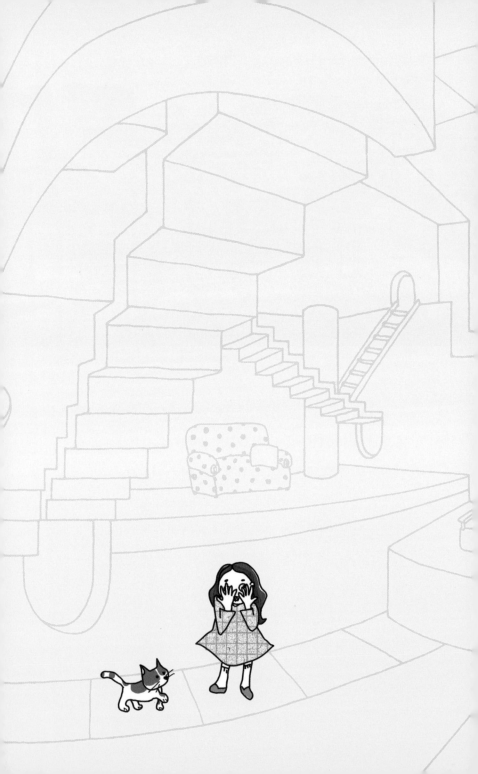

6

건축과 공공

건축은 사회를 위해
어떤 일을 할까?

이번에 하고 싶은 이야기는 건축은 누구를 위한 것이냐는, 좀 두루뭉술한 질문으로 시작해 볼까 해. 쉽게 짐작할 수 있듯 건물은 주인이 있기 마련인데, 그럼 그 건물은 그 주인만을 위한 것일까? 바꿔 말해 법만 지키면 어떻게든 주인이 원하는 대로 지어도 괜찮은 걸까? 어떤 건물은 특별하게 보이려고 창을 거의 뚫지 않고 거리를 향해 꽉 닫힌 채로 서 있기도 하고, 어떤 건물은 최대한의 면적을 찾기 위해 숨이 막힐 정도로 뚱뚱한 몸집으로 지어지기도 해. 돌아다니다 보면 어떤 식으로든 눈살을 찌푸리게 하는 건물을 한두 개는 꼭 만나게 되지. 반대로 그 앞을 지나가면 왠지 기분이 좋고, 심지어 좀 기웃거리거나 들어가 보고 싶은 건물을 만나기도 해. 아쉽게도 그렇게 많지는 않지만 말이야. 이런 느낌을 바로 '건축의 공공성'이라고 해. 다시 말해 건축의 공공성이란 건축이 주인만을 위하지 않고 얼마나 다른 여러 사람을 배려하느냐의 문제인 거야.

그런데 어떤 건물은 온전히 이런 공공성에 초점이 맞추어지기도 해. 바로 나라나 지방 정부, 또 공공 기업이나 공공 기관이 주인인 '공공 건축'이야. 반대로 개인이나 일반 기업이 주인인 경우를 '민간 건축'이라고 하지. 실제로 공공 건축은 전체 건축 산업의 20% 정도를 차지한다는 통계도 있어. 생각보다 공공 건축이 꽤 많지? 이 이야기를 좀 더 자세히 해 보려고 해.

'공공'이라는 말을 자세히 살펴보면 모두에게 열린 자원을 함께 나눈다는 뜻이야. 그렇게 생각해 보면 원할 때 마음대로 들어갈 수 있는 모든 건물이 다 공공 건축일 것 같아. 행정복지센터나 구청, 도서관은 물론 기차나 지하철역, 공항이 여기에 해당돼. 그럼 돈을 내고 들어가는 수영장은? 또 학교에서 단체로 가는 청소년수련관이나 어르신들을 위한 노인복지관은? 이렇게 물어보면 좀 혼란스러울 거야. 사실 같은 공공 건축의 테두리에 있더라도 각각의 건물이 가진 공공성의 정도는 조금씩 달라. 예를 들어 도서관 같은 건물은 열려 있기만 하면 언제나 들어갈 수 있지만, 행정복지센터는 특별한 볼일이 없는데 들어가기는 뭔가 어색하지? 또 청소년수련관의 어떤 시설은 미리 예약을 하거나 단체로 가야만 이용할 수 있고, 또 노인복지관은 딱히 못 들어갈 것도 없지만 주로 어르신을 위한 시설이니 학생이 자주 갈 일은 없겠지.

이런 점은 민간 건축도 마찬가지야. 어떤 가게는 들어가서 구경하는 게 아무렇지 않은데, 비싼 물건을 파는 가게는 딱히 들어오지 말라는 말은 안 하지만 살 물건이 없으면 눈치가 보이잖아. 여러 사람을 배려하는 건물을 만드는 것도 중요하지만, 기본적으로 건물이 수행하는 역할이 공공성을 결정하는 중요한 요소가 되는 거지. 당연한 이야기지만 공공 건축의 경우 이런 공공성이 민간 건축보다 훨씬 강해. 그건 원칙적으로 공공 건축이 어떤 상업적 이득을 대가로 바라지 않기 때문이야.

공공 건축이 이렇게 작동할 수 있는 이유가 뭘까? 바로 국민이 낸 세금으로 지어지기 때문이야. 또 이게 민간 건축과 공공 건축을 구분하는 가장 중요한 기준인 거고. 그렇기 때문에 건축가에게 설계를 맡기는 과정 또한 민간 건축과 크게 달라. 보통 민간에서는 마음에 드는 건물을 보고 건축가를 찾아서 설계를 의뢰하는 경우가 많지만, 공공에서는 입찰과 공모전이라는 절차를 거쳐서 건축가를 선정하게끔 되어 있어. 입찰은 건축가의 능력과 관계없이 얼마에 일을 하겠다고 제안한 금액만으로 설계자를 뽑는 방식이야. 주로 작은 규모의 공공 건축이 이런 과정을 거치는데, 건축 설계를 마치 표준화된 공산품처럼 취급한다는 문제가

↑ 입찰이나 수의계약을 통해 지어지는 동네의 소규모 공공 건축
⬇ 공모전을 통해 지어진 사당동 어르신 복합문화센터
(이데아키텍츠 건축사사무소 설계)

있지. 반면 공모전은 건축가들이 각자 생각하는 최적의 안을 내고 심사를 통해 그중에서 가장 뛰어난 안을 뽑는 방식이야. 짐작했겠지만 공모전은 아주 세심하게 마련된 규칙에 의해 운영되는데, 제출해야 하는 이미지나 설계 설명서의 형식과 내용은 물론 등록과 응모 과정에서 지켜야 될 사항들이 아주 많지.

그리고 가장 중요한 심사가 있어. 공정성이 생명과도 같은 공무원의 입장에서는 객관적으로 어떤 것이 법규를 따르고 기준에 맞는지 판단할 수는 있어도, 어떤 것이 더 보기 좋은지 또 건축적으로 더 깊은 의미를 가지고 있는지를 판단하기는 어려워. 그래서 보통 민간 전문가를 심사 위원으로 위촉해서 주관적이고 민감한 판단을 맡기는데, 바로 이런 점 때문에 종종 설계 공모 결과에 대해 논란이 일기도 해. 당선되지 못한 참가자가 심사 위원의 판단에 승복을 못하고 의문을 제기하기도 하거든. 그래서 요즘은 심사 과정을 문서로 공개하거나 유튜브 등으로 생중계를 해서 최대한 공정성과 투명성을 확보하려고 해. 아무리 주관적인 판단에 의해 결정이 된다고 해도 많은 토론이 오가고 그 과정이 모두에게 공개된다면 대부분 결과를 받아들일 수 있으니까.

우리나라가 경제적으로 성장하던 시기에는 공공 건축에 기대하는 것들이 그렇게 많지 않았어. 물론 국가적인 차원에서 추진하는 큰 사업이야 어느 시기에든 많은 노력을 기울였지만, 정작

일상적인 삶에서 마주치는 공공 건축, 예를 들어 시청이나 구청, 소방서, 경찰서, 도서관, 그리고 더 작게는 동네의 행정복지센터나 우체국, 노인정, 파출소 같은 건물들은 그저 맡은 역할만 수행할 수 있으면 됐지. 그런데 우리나라의 경제 규모가 커지고 복지에 대해 많은 노력을 기울이면서 공공 건축의 수준이 실제 복지의 질을 결정하는 중요한 요인이라는 공감대가 형성되기 시작했어. 예전에는 동네에 도서관이나 체육센터가 있다는 사실만으로도 주민들이 좋아했지만, 이제는 더 예쁜 도서관, 더 잘 지은 체육센터가 중요해지기 시작한 거야. 요즘은 주의 깊게 살펴보면 동네의 공공 건축이 세련된 모습으로 다시 등장하는 사례를 심심치 않게 볼 수 있어.

그뿐만이 아니야. 사실 공공 건축은 한 나라의 건축적인 역량을 보여 주는 중요한 척도이기도 해. 요즘 해외에서 소개되는 건축물을 죽 훑어보면 오페라하우스나 미술관, 도서관 같은 공공건축이 많은데, 그 수준이 현재의 건축 기술과 미학이 다다를 수 있는 최고점에 올라 있는 경우가 많아. 비판적인 관점에서 보면 세금 낭비일 수도 있지. 우리나라에서 최고 수준의 공공 건축이 쉽게 만들어지지 않는 이유도 이것과 비슷하고. 그런데 어느 정도 경제력을 가진 사회라면 꼭 그렇게만 볼 수는 없어. 조금 거창하게 들릴 수도 있겠지만, 한 사회가 유지되기 위해서는 공동체의 결속을 다질 수 있는 이상 같은 것이 필요해. 고대와 중세에는 신화나 종교가 그런 역할을 했는데, 사람들은 건축물을 지어서 공동체가 공유하는 이상을 고취시켰어. 그리스 아테네의 파르테논 신전도, 영국 런던의 세인트 폴 성당도, 우리나라 경주의 불국사도 말하자면 당시의 공공 건축인 셈이야.

이런 필요는 지금이라고 다를 것이 없지. 예전과 달리 다양한 가치가 서로 얽혀 있는 현대 사회에서는 문화와 복지를 담당하는 공공 건축이 이런 역할을 떠맡을 필요가 있어. 앞으로 우리나라에서도 우리 모두가 지금껏 이룬 바를 확인하고 또 공유할 수

영국 스코틀랜드 건축의 최고치를 보여 주는 V&A 던디 디자인박물관(켄고 쿠마 설계)

있게 해 주는 수준 높은 공공 건축이 많이 등장하기를 바라.

공공 건축의 중요한 역할을 한 가지 더 꼽자면, 정책과 관련된 측면을 빼놓을 수 없어. 우리나라에서는 요즘 건축 산업과 문화를 발전시키기 위해 여러 정책을 고치거나 새로 내놓고 있는데, 공공 건축에 이런 변화를 우선적으로 적용하는 경우가 많아. 즉 공공 건축이 국가의 건축 정책의 기준을 수립하는 시험대 역할을 하는 셈이지. 이렇게 공공 건축이 앞에 서서 민간 건축을 이끌어 나가면, 그 나라 전체의 건축 산업과 문화가 자연스럽게 발전하겠지?

우리나라의 **공공건축가 제도와 정기용**

과거 우리나라의 공공 건축은 건축가들의 목소리보다 정책을 수립하고 시행하는 정치인이나 관료의 의도가 더 강하게 작용하는 경우가 많았어. 그러다 보니 공공 건축은 권위적인 느낌을 피하기 어려웠어. 그러다가 지방 자치제가 시행되고 시민의 권리가 우선시되면서 이러한 경향은 수그러든 대신, 화려한 형태와 과장된 규모를 뽐내는 공공 건축이 등장하기 시작했어. 호화롭고 거대하다고 수준이 높은 것은 아니야. 수준 높은 건축이 되려면 아이디어가 참신하고, 기술적으로 도전적이고, 또 모든 면에서 높은 완성도를 보여야 해. 그러다 보니 뛰어난 능력과 적절한 균형감을 갖춘 민간 전문가가 공공 건축의 기획 과정에서부터 적극적으로 참여할 필요를 느끼게 된 거야.

그래서 공공건축가 제도를 만들어 운영하기 시작했어. 그 연원을 따지면 지금은 세상을 떠난 건축가 정기용이 떠올라. 그는 1990년대 후반부터 2000년대 중반까지 무주에서 주민들을 위해 30개가 넘는 프로젝트를 진행했어. 마을 주민을 위한 작은 목욕탕이 딸린 면사무소, 등나무 덩굴이 늘어진 스탠드가 있는 공설운동장, 집처럼 창이 나 있는 버스 정류장을 설계하고 만들었지. 본격적인 공공건축가 제도는 2012년부터 서울시가 본격적으로 시행하기 시작했고 2021년을 기준으로 17개의 지방 자치 단체가 운영하고 있어. 그들은 공공사업의 기획 단계에서부터 상충하는 의견을 조정하고, 설계자가 확정된 사업은 자문을 맡거나 직접 설계에 참여하는 등의 활동을 하고 있지. 우리나라 공공 건축의 앞날이 밝을 것 같지 않니?

RCR,
아름다움으로 만들어지는 공공성

건축의 공공성이 여러 사람을 배려하도록 건물을 짓는 것이라면, 과연 어떻게 해야 그런 건물을 만들 수 있는 걸까? 일단 접근성이 무엇보다 중요해. 쉽게 갈 수 있는 곳에 자리 잡고 있어야 많은 사람이 편하게 이용할 수 있겠지. 또 얼마나 외부에 대해 열려 있는지도 공공성을 판단하는 척도가 될 수 있어. 내 땅의 일부를 길에 내주고 또 안에서 무슨 일이 일어나는지 쉽게 알 수 있도록 닫혀 있지 않게 건물을 만들어야 한다는 거지. 그런데 사실 더 고차원적인 공공성도 생각해 볼 수 있어. 건축과 공간의 미적 수준을 높이는 것, 쉽게 말해 아름다움을 통해 얻어지는 공공성이 그런 게 아닐까 해.

아름다움이 공공성에서 왜 중요할까? 예전에는 아름다움을 가진 자들이 독점하는 경우가 많았어. 전제 군주제가 일반적이던 고대 사회는 물론, 중세나 근대에 이르러서도 마찬가지였지. 중세 서양에서는 마을 광장 앞의 성당 정도가 그나마 모두가 누릴 수 있는 가장 높은 수준의 건축이었어. 산업 혁명 이후 대량 생산이 가능해지면서 비로소 기능성과 간결함을 바탕으로 한 기계 미학이 대중들의 관심을 끌기 시작했지만, 여전히 호화로운 집이나 고급스러운 건물은 그걸 소유한 주인이나 특별한 조건을 갖춘 사람들에게만 열려 있는 경우가 많았지.

그러다가 공공 건축의 수준이 점차 높아지면서 모두가 건축의 아름다움을 누릴 수 있는 기회가 많아지기 시작했어. 그렇지만 아무리 경제적으로 풍족한 사회라 하더라도, 언제나 모든 공공 건축을 최고의 수준으로 만들 수는 없어. 세금이 필요한 곳은 널려 있고, 정부의 입장에서는 예산이 낭비되지 않고 적절하게 쓰이도록 해야 할 의무가 있기 때문이지. 경제적으로 큰 부담 없이 수준 높고 아름다운 공공 건축을 만들려면 어떻게 해야 할까? 지금부터 소개할 스페인의 RCR 아르키텍터스라는 팀은 어떻게 이런 난관을 극복하고 시적인 아름다움을 통해 건축의 공공성을 이루어 냈는지 알아보자.

지금까지 소개한 해외 건축가들 중에 프리츠커상을 수상한 건축가가 여럿 있었는데, RCR도 2017년에 이 상을 수상했어. 1979년 처음 이 상이 만들어졌을 때는 모두가 알 만한 건축가들이 주로 받았지만, 2010년대에 들어서 화려하고 거대한 작품을 만드는 소위 '스타' 건축가보다 지역적이고 공공적 가치가 돋보이는 작업을 묵묵히 수행해 온 숨겨진 건축가를 주목하는 경우가 종종 있었지. RCR이 그 대표적 경우인 거고.

스페인 카탈루냐 지방의 올로트Olot라는 작은 도시에 자리 잡고 있는 이 팀은 라파엘 아란다Rafael Aranda, 카르메 피헴 Carme Pigem, 그리고 라몬 빌랄타Ramon Vilalta 이렇게 세 명의 건축가로 이루어져 있고, RCR은 이들의 이름 앞 글자를 따서 만들었어. 카탈루냐 지방은 스페인의 일부지만 거의 독립 국가라고 할 정도로 독립성이 강한 지역이야. 1992년 올림픽 개최지였던 관광 도시 바르셀로나도 바로 카탈루냐에 있지. 올로트는 바르셀로나에서 좀 더 북쪽의 산속에 자리 잡은 도시로, 검은 화산 지형이 두드러진 곳이야. 오래전부터 금속 가공이 발달해서 철재 산업으로 알려진, 아름다운 환경에 둘러싸인 인구 3만의 소박한 마을이지. 이 지역 이야기를 길게 하는 이유는, 이런 지역적 특색이 그들의 건축 미학에 결정적인 역할을 하기 때문이야.

대부분의 건축가들이 그렇듯 RCR도 공공 건축만 하는 건축가는 아니야. 그들의 작업은 와인 양조장, 레스토랑, 어린이집, 도

외장재의 안정화된 붉은 녹이 강렬한 인상을 주는 술라쥬 미술관

서관, 주택, 미술관, 공원, 업무 시설 등 실로 다양해. 하지만 그 모든 작업에 걸쳐 일관적인 작업 태도와 미적 원칙이 뚜렷하게 관통하고 있고, 이렇게 해서 만들어진 건축적인 아름다움이 건물과 장소가 지닌 공공적 가치를 더욱 풍성하게 만드는 것 같아. 대표작으로 알려진 피에드라 토스카 공원과 벨 록 와인 양조장, 그리고 술라쥬 미술관 같은 작품들을 보면 제일 눈에 먼저 들어오는 것은 철이라는 재료야. 어떤 장식이나 가공 없이 철판을 그대로 가져다가 건축 재료로 쓰지. 다른 작품을 살펴보아도 철은 이들 건축의 근간을 이루는 가장 기본적인 구축 재료로 사용되고 있는데, 이런 선택은 이 지역 경제의 큰 축을 바로 철재 산업

지역에서 만들어진 철판과 자연이 조화를 이루도록 설계한 피에드라 토스카 공원

이 담당하고 있다는 점에서 비롯된 거야. 가장 지역적인 재료로부터 자신들만의 건축 세계를 만들기 위한 첫발을 내디딘 거지.

철은 그 자체로 매우 존재감이 강한 성격의 재료야. 일단 단단하고 무겁잖아? 건축에서는 이렇게 어떤 재료 본연의 성격, 다시 말해 물성이 잘 드러나게 만드는 걸 중요하게 생각하는 경향이 있는데, 이렇게 건물을 지었을 때 건물이 만들어지는 원칙이나 방법을 표현하기 쉽기 때문이야. 앞에서도 구축이라는 개념에 대해 이야기를 했지만, 특히 이렇게 재료에 맞추어 건축의 요소를 만들어 내는 방법을 '건축의 구축법'이라고 해. 대개 구축법이 잘 보이는 건축일수록 그 솔직함이 설득력 있게 다가오지. 그런데 여러 비평가들이 말하기를, RCR의 건축은 물성이 느껴지는 동시에 비물질화된 것 같다고 표현을 해.

비물질화라는 표현이 무슨 뜻인지 잘 모르겠지? 쉽지는 않겠지만 한번 설명해 볼게. 현대 건축은 기술이 발전하면서 과거와 비교도 안 되게 재료 자체의 강성이 더욱 강해졌고, 또 구조 공학에 대한 이해도 깊어지면서 예전에는 가능할 것 같지 않던 형태를 만들어 낼 수 있게 되었어. 그 덕분에 건축가들은 얇은 부재와 유리를 최대한 이용해서 구조물과 공간을 가능한 밝고 투명하게 보이도록 만들었지. 유리로 둘러싸인 도시의 고층 빌딩들을 생각하면 이해가 빠를 거야. 물리적 건축 자체는 점점 더 존재감을 잃고, 그 건축이 만든 공간만 남는 거지. 이런 걸 뭉뚱그려서 건축의 비물질화라고 해.

하지만 RCR은 철을 있는 그대로, 때로는 페인트도 칠하지 않고 쓰지만, 철의 강성을 이용해서 판이나 선처럼 만들어 건축의 구조와 공간을 빚어 나갔어. 또 기둥을 숨기거나 얇게 만들어 지붕이 떠 있는 것처럼 보이게 만들기도 하고. 여기에 유리와 막, 금속과 같은 재료가 지닌 투명하거나 반사하는 성질을 덧붙이면 그 효과는 더욱 커져. 레스 콜 레스토랑이나 엘 프띠 콤테 어린이집의 반 외부 공간에서 느껴지는 독특한 분위기는 이렇게 만

⇨ 빛과 공기가 자유롭게 드나들 수 있도록 지은 벨 록 와인 양조장

들어졌지. 재료의 물성을 바탕으로 탄생한 비물질적인 공간이란 건 바로 이런 뜻이야. 마치 구축법이 빚어낸 마법과 같달까?

이런 역설적인 성격의 대립이 독특한 미적인 경험을 선사하지만, 그게 다가 아니야. RCR이 비물질화된 공간에 대신 채우려고 하는 것은 바로 그들이 뿌리내린 올로트의 자연환경이야. 빛과 바람, 소리, 주변의 경치 같은 것들 말이야. 그 지역이 가진 가치를 가장 훌륭한 방식으로 지역민들에게 다시 일깨우는 것이 어쩌면 그들이 생각하는 건축의 가장 공공적인 역할이 아닐까?

RCR이 만들어 내는 건축이 아름다운 것은 결코 비싼 재료나 복잡한 디테일을 쓰기 때문이 아니야. 오히려 그들이 즐겨 쓰는 철판은 거칠고 투박하게 느껴지기 쉽지. 결국 핵심은, 재료에 대한 깊은 이해와 이를 구축하는 방법의 문제인 거야. 그리고 그걸 통해 무엇을 성취하냐는 것이지.

또 다른 **공공 건축**의 사례

런던의 테이트모던 미술관으로 명성을 얻은 헤르조그 앤 드뫼롱은 세계적으로
최고 수준의 공공 건축을 설계하는 건축가 팀으로 알려져 있어. 그들이 2016년
완성한 함부르크 엘프필하모닉 콘서트홀은 어려운 구조와 재료로 인해 처음
계획했던 예산의 무려 열 배를 들여 지어야 했지.

건설 과정에서 있었던 많은 논란은 결국 개관 이후 엄청난 인기를 끌면서 사그
라들기는 했지만, 공공 건축이 꼭 이렇게 지어져야 하는지 고민하는 계기가 된
것 같기도 해. 물론 건축물이 자리 잡은 맥락이나 수행하는 역할은 다르지만,
큰 예산에 의존하지 않고 재료의 본질에 대한 이해와 주변 맥락에 대한 존중을
바탕으로 아름다운 건축을 만들어 내는 RCR의 방식에 많은 배울 점이 있는 것
만은 확실한 것 같아.

독일 함부르크 엘프필하모닉 콘서트홀

영주시:
한국 공공 건축의 성지

건축물에 공공성을 부여하고 나아가 완성도 높은 공공 건축을 만드는 일은 개별 건축가의 노력도 중요하지만, 국가와 정부 차원에서 제도를 마련하고 정비하는 일도 이에 못지않게 중요해. 앞에서 잠깐 이야기했던 공공건축가 제도가 바로 그런 취지로 만들어졌지. 그런데 이런 새로운 시도가 처음부터 전국적인 규모로 시행될 수 있었던 것은 아니야. 아무도 그 효과를 장담할 수 없는 상황에서 어디에선가, 또 누군가가 먼저 실험적으로 시작해 볼 수밖에 없는 성격의 일이었던 거지.

2012년 서울시가 본격적으로 이 제도를 도입하기 전에 먼저 이런 실험을 시작한 도시가 있었는데, 바로 경상북도에 있는 인구 수 10만 남짓의 영주시야. 그 결과는 대성공이었고 지금도 영주시는 건축가들과 건축 관련 공무원들, 그리고 건축과 학생들 사이에서 공공 건축 투어 1순위로 꼽히고 있어.

영주시에 대해서 본격적으로 이야기하기 전에, 이런 변화의 첫 단추가 과연 무엇이었는지를 먼저 살펴보는 것이 좋을 것 같아. 사실 모든 제도의 변화는 법이 새로 만들어지거나 바뀌어야 비로소 가능해지는데, 이 경우도 마찬가지야. 민간 전문가가 공공 건축의 구현 과정에 참여할 수 있게 된 건 2007년에 제정된 건축기본법 덕분인데, 이 법은 건축을 산업이 아닌 문화로 바라볼 수 있는 시각을 제공한다는 점에서 중요한 의미를 지니고 있어. 이 법에 따르면 중앙이나 지방 정부는 건축 관련 민원이나 설계 공모 업무, 도시 개발 사업 등에 민간 전문가를 위촉하여 업무를 진행 또는 조정할 수 있다고 되어 있어. 이전에 아무도 해 보지 못한 일을 누가 어떻게 끌고 나갈 수 있었을까? 그 역할을 맡은 곳이 지금은 건축공간연구원으로 승격된 당시의 건축도시공간연구소였어. 이 기관 또한 우리나라 건축 문화의 수준을 한 단계 끌어올리기 위해 대통령 자문회의의 결정을 통해 2007년 신설된 기관이야. 즉 새로운 사업을 새로운 기관이 맡은 거지.

건축도시공간연구소는 민간 전문가 제도를 시험적으로 시행하기 위해 전국을 대상으로 도시 재생 마스터플랜 구성에 참여할 도시를 모집했는데, 그때 유일하게 참여 의사를 밝힌 곳이 바로 영주시였어. 사실 건축도시공간연구소의 초기 연구 사업에 영주시가 자료를 제공하는 등 긴밀한 협력 관계를 유지했던 것이 인연이 되기도 했지.

영주시 하면 혹시 생각나는 것이 있니? 그래, 고려 시대에 지어진 목조 건물인 무량수전으로 유명한 부석사가 있어. 2018년에 유네스코 세계 문화유산으로도 등재되었지. 마찬가지로 2019년 유네스코 세계 문화유산에 등재된 조선 시대 최초의 서원인 소수서원도 있고. 인구는 많지 않지만 이미 건축가들에게는 아주 친숙한 도시였던 셈이야.

어쨌든 2009년 시장 직속으로 디자인 관리단이 문을 열었어. 당시 건축도시공간연구소의 연구본부장이 직접 관리단 단장을 맡고 두 명의 공공건축가를 위촉해서 활동을 개시했지. 변화의 첫 조짐은 50평도 채 안 되는 아주 작은 건물이었어. 영주시 남쪽 끄트머리에 자리 잡은 조제리는 전체 20여 가구 대부분이 노인인 작은 마을로, 낡은 보건진료소를 새로 짓는 사업이 진행 중이었지. 설계 검토를 처음 위촉된 공공건축가 중 한 명이었던 윤승현 건축가가 하게 되었어. 그는 부분 수정만으로는 나아질 가능성이 없다고 판단하고, 주변의 경관을 해치지 않는 나지막한 높이지만 한쪽으로 살짝 기울어진 듯 보이는 매우 현대적인 지붕을 가진 건물로 탈바꿈시켰지. 보건 복지부가 정한 빠듯한 예산

마을의 관문이자 사랑방인 조제보건진료소(사진 ⓒ김재윤)

안에서 지금까지 일반적인 보건진료소에서는 사용한 적 없는 온
돌 마루를 깔고 펜던트 조명도 달았어. 다른 부분은 최대한 저렴
한 것들을 사용하면서 말이야. 주민들은 처음에는 낯설어했지만
얼마 지나지 않아 카페 같은 보건진료소를 모두 좋아하기 시작
했대. 말하자면 마을의 사랑방이 된 거지. 그리고 그 건축의 가
치를 증명이라도 하듯, 이 조제보건진료소는 2012년 한국건축문
화대상에서 본상을 수상했어.

또 다른 건물 이야기를 해 볼게. 영주시의 서쪽에 위치한 풍기읍 주민들에게는 50년이 넘은 낡고 좁은 청사를 대신할 새로운 읍사무소를 세우는 것이 큰 관심사였지. 건물을 지을 땅을 정하는 데만 10년이라는 시간이 걸릴 정도였어. 이 사업을 담당한 회계과 공무원도 주민의 열망을 잘 알고 있었기에 전국 최고의 읍사무소를 짓겠다는 의욕을 보였다고 해. 하지만 당시 제도적으로 공무원의 의지만으로 좋은 건축가를 찾을 방법은 마땅치 않았고, 결국 입찰을 통해 능력과는 상관없는 설계자가 선정되었지. 주민과 담당 공무원은 역시나 기대에 미치지 못하는 설계안에 좌절했고, 이를 어떻게든 좀 더 낫게 만들어 보려고 온갖 노력을 다 했지만 결국 만족스럽지 못한 상태로 설계 용역이 완료되었어. 그런데 주민과 시장의 완강한 반대로 사업이 암초에 부딪히고 말았지. 이때 담당 공무원은 자신에게 닥칠 불이익을 감수하면서 과감한 선택을 해. 새로운 건축가를 찾기 위해 사업을 재발주한 거야. 모든 판단을 객관적인 기준에 근거해서 내려야 하고, 잘못될 경우 감사를 통해 징계를 받아야 하는 공무원의 세계에서는 거의 일어나지 않는 일이라 할 수 있지.

디자인 관리단의 추천으로 이 어려운 일을 맡은 최재원 건축가는 거의 처음부터 설계를 다시 시작해야 했어. 공모 과정을 거치지 않고 바로 건축가에게 일을 주는 수의 계약으로 진행했기

행정 업무 중심에서 벗어나 주민들의 소통 공간으로 탄생한 풍기읍사무소

때문에 설계비도 충분히 받지 못했지. 법으로 수의 계약을 할 수 있는 금액은 한계가 있거든. 하지만 디자인 관리단은 발주처와 설계자 사이의 의견을 적극적으로 수렴하고 조정해서 복잡하게 얽힌 상황에서도 좋은 설계를 이끌어 내는 데 큰 역할을 했어. 건축가는 권위적인 초기의 설계 대신, 주변의 여러 방향에서 건물에 쉽게 접근할 수 있도록 사람 인人 자 모양의 골목길 구조를 가진 평면을 찾아냈지. 말하자면 주민들이 만나고 소통할 수 있는 교차로를 건물 안에 만든 거야. 또 2층은 1층의 닫히고 열린 공간의 구조를 역전시켜 지역 주민들에게 열린 문화 공간으로 꾸몄고 말이야. 이 건물 역시 2012년 공공디자인대상에서 우수상,

다음 해 한국농어촌건축대전 대상, 신인건축사대상에서 대상 등 여러 상을 수상하며 전국적인 관심을 받게 되지.

두 프로젝트에 공통점이 있다면, 무엇보다 지금까지의 관행을 따르지 않았다는 거야. 입찰로 진행되어 나온 만족스럽지 못한 결과물을 받아들이지도 않았고, 공정을 이유로 능력이 검증된 민간 전문가에게 일을 바로 맡기지 못하던 금기도 깨 버렸어. 그 결과 아무도 기대하지 않았던 곳에 작은 보석과도 같은 건물들이 만들어진 거고. 공정은 그 자체로 소중하고 중요하지만, 더 중요한 것은 공정을 통해서 얻으려는 것이 무엇인지를 잘 아는 거라고 생각해. 결국 들이는 세금은 같을 텐데, 더 뛰어난 공공적 가치를 선사할 수 있는 건축을 만드는 것이 우리가 사는 공동체를 위한 길 아니겠어?

영주시 노인복지관
(보이드아키텍트 건축사사무소 설계)

영주 실내수영장(숨비 건축사사무소 설계)

　이후 영주시의 디자인 관리단과 공공건축가 제도는 더욱 빛나
는 공공 건축물을 만들어 냈어. 2017년에 지어진 영주시 노인복
지관과 장애인종합복지관, 그리고 2018년에 완성된 영주 실내수
영장은 우리나라를 대표하는 공공 건축물이야. 덕분에 소규모
공공 건축의 수준도 덩달아 올라갔고. 무엇보다 가장 큰 의의는
새로운 제도의 실험이 성과를 제대로 보여 주었다는 거야.

　영주시의 성공을 본 서울시는 2012년부터 본격적인 체계를 갖
춘 공공건축가 제도를 운영하기 시작했고, 이후 몇 년에 걸쳐 전국
적으로 퍼져 나가게 된 계기를 마련했지. 작은 제도의 변화가 큰
사회적 변혁을 가져올 수도 있다는 사실이 새삼 놀랍지 않니?

건축과 디지털

디지털 기술은
건축을 어떻게 바꿀까?

마지막으로 하고 싶은 이야기는 건축을 설계할 때 사용하는 도구에 관한 이야기야. 도구라고 하면 머릿속에 있는 생각을 보거나 만질 수 있는 구체적인 결과물로 옮기는 수단을 말하는데, 그림으로 치면 연필이나 붓을 떠올릴 수 있지. 그런데 건축 설계는 먼저 도면이라는 매체를 통해서 이루어지고, 이 도면이 시공자에게 전달된 다음 설계 내용에 따라 실제 재료로 지어져야 비로소 하나의 건물로 완성이 돼. 그래서 결국 건축에서 도구의 문제는 도면을 어떤 방법으로 그리느냐의 문제로 볼 수 있어.

예전에는 연필이나 펜을 들고 직접 종이 위에 건물을 이루는 선을 그리는 방식으로 도면을 그렸어. 지금도 많은 건축가들이 최초의 아이디어를 끄집어내고 정리할 때 이렇게 하는 걸 더 좋

손으로 그린 도면

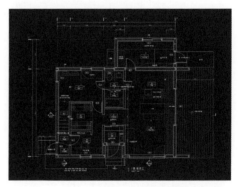

컴퓨터로 그린 도면CAD

아하지. 생각의 속도를 따라가는 데 이만한 게 없을뿐더러, 손의 즉각적인 반응이 또 새로운 생각을 불러일으키기 때문이야. 하지만 어느 정도 디자인의 방향을 잡고 나면 수치에 맞는 매우 정밀한 도면을 그려야 하는데, 이때부터는 손으로 직접 작업하는 일이 결코 쉽지 않아. 수정하기도 어렵고 말이야. 그래서 컴퓨터가 일반인들도 쓸 수 있을 정도로 발달하기 시작한 1980년대부터는 도면을 컴퓨터로 그리는 프로그램이 개발되어 사용되기 시작했어. 비로소 캐드CAD, Computer Aided Design의 시대가 열린 거지. 작업물의 크기를 키우거나 줄이고, 또 선과 도형을 그리고 고치는 작업 모두 너무나 쉽고 빨랐기 때문에 순식간에 설계실의 제도판을 대체하기 시작했어. 다른 모든 디자인 분야가 그렇듯 컴퓨터는 건축가의 가장 중요한 도구가 되었고, 캐드로 그린 도면은 진즉에 업계의 표준으로 자리 잡았지.

그런데 이게 다가 아니었어. 건축 설계에 컴퓨터의 도입은 도면을 그리는 방식의 변화 정도가 아니라 전통적인 설계 방법론을 밑바닥부터 흔들기 시작했어. 캐드는 기본적으로 종이 위에 선을 긋는 작업을 컴퓨터로 옮긴 것에 지나지 않는데, 어떻게 이런 근본적인 변화가 일어날 수 있었을까? 이걸 이해하기 위해서는 건축 설계의 과정에서 '정보'가 어떻게 다루어지는지를 꼼꼼하게 살펴봐야 해.

건축가가 종이에 연필로 스케치를 한다고 생각해 보자. 이런 작업은 직관적이고 빠르지만, 그려진 선들은 그 자체로 하나의 아이디어만 나타내. 무슨 말이냐면, 선들이 가진 정보는 그려진 것들만으로 끝나고 다른 스케치나 다음 단계의 설계와 연결되지 않는다는 뜻이야. 만약 건축가가 또 다른 아이디어를 테스트해

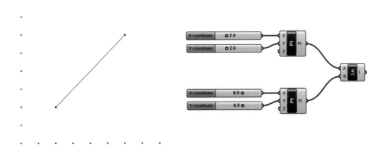

좌표계상의 직선   좌표계상의 직선을 그리는 알고리즘

보고 싶으면 반투명한 트레싱지를 하나 꺼내서 아까의 그림 위에 얹고 새로운 그림을 그려. 이런 방식으로 정보가 다음 단계로 연결되긴 하지만, 그 연결고리는 매우 느슨할뿐더러 모든 것이 수작업으로 이루어진다는 문제가 있어.

그런데 이런 작업이 컴퓨터로 옮겨지면서 새로운 가능성이 열리기 시작했지. 아날로그 정보가 디지털화되면서 비로소 다른 곳으로 흐를 수 있는 조건을 갖추게 된 거야. 이렇게 하기 위해서는 건축가가 컴퓨터에서 하는 작업을 정확하게 정의할 수 있도록 만들 필요가 있어. 예를 들어 종이에 선을 긋는 과정을 컴퓨터의 세계로 옮겨 정의하면, 먼저 점 A를 좌표 a, b에 찍고 또 다른 점 B의 좌표를 c, d에 찍은 다음 A와 B를 연결한다고 쓸 수 있지. 이렇게 어떤 작업의 과정을 정확한 정보의 언어로 다시 쓴 것을

'알고리즘'이라고 해.

선 하나를 긋는 단순한 작업을 왜 이렇게 어렵게 만드는지 궁금하지? 처음 과정은 번거롭지만, 이렇게 해야 다음 단계로 정보를 전달할 수가 있어. 핵심은 디자인의 과정 전체를 정보의 흐름으로 재구성하는 거야. 이를 위해서 디자인을 결정짓는 여러 조건들을 조절 가능한 값, 즉 매개 변수로 바꿔 줘야 해. 어렵더라도 일단 알고리즘을 만들고 나면 변수를 바꿔 가며 여러 디자인 옵션을 빠른 시간 내에 검토할 수 있는 장점이 있어. 매개 변수를 영어로 패러미터라고 하고, 이렇게 매개 변수를 이용한 디자인을 패러메트릭 디자인이라고 해. 어떻게 보면 프로그래밍이나 코딩 작업과 비슷하지. 특히 기능 단위의 명령어 블록을 연결하는 방식으로 알고리즘을 만들어 나가기 때문에, 학교에서 스크래치를 배운 적이 있다면 별로 낯설지 않게 느껴질 거야.

말로만 설명하기는 어려운 내용이니, 간단한 사례를 한번 들어 볼게. 191쪽 그림은 기다란 몇 개의 막대로 이루어진 3D 모델이야. 건축에서 루버라고 부르는 요소인데, 햇빛을 가리거나 입면을 특색 있게 만들기 위해 쓰지. 그 아래는 이 모델을 만들기 위해 쓰인 알고리즘이야. 숫자가 적힌 기다란 막대 같은 것이 이 모델을 정의하는 패러미터로, 모두 다섯 개로 되어 있어. 루버의 개수와 간격, 두께와 깊이, 높이가 바로 그것들이지. 이렇게 일단

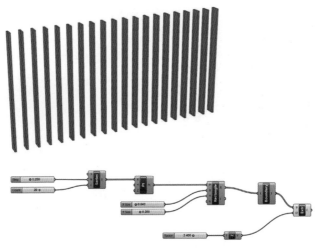

단순한 루버를 정의하는 알고리즘

알고리즘으로 만들면, 여러 값을 알고리즘에서 바꾸어 보면서 손쉽게 디자인의 여러 가능성을 시험해 볼 수 있어.

별것 아닌 것 같다고? 워낙 간단한 모델이라 그렇게 생각할 수도 있어. 사실 패러메트릭 디자인의 강력함은 사람이 일일이 계산하기 힘든 과정을 컴퓨터가 대신할 때 돋보여.

자, 다음 192쪽 알고리즘을 보자. 이번에는 루버의 각도를 새로운 패러미터로 추가했어. 하지만 아까와는 달리 모든 루버에 똑같은 값을 주는 것이 아니라, 양 끝부분이 가운데보다 더 많이 돌아가게끔 값을 조절했지. 이를 위해서 삼각함수의 사인sine 그래프를 이용했고. 만약 이걸 사람이 일일이 계산하면 모델을 만

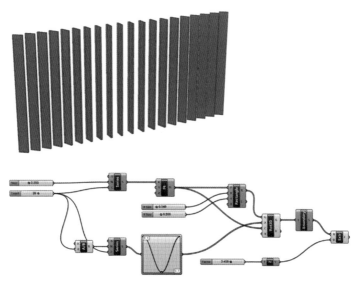

루버의 각도에 변화를 준 알고리즘

드는 데 시간이 많이 걸렸겠지. 또 한번 만들어 보았는데 결과가
마음에 안 들어서 다시 만든다고 생각해 봐. 얼마나 귀찮겠니?
하지만 일단 알고리즘을 제대로 만들면, 각도의 변화 폭이나 최
대로 열리는 부분의 위치 등을 바꿔 보고 싶을 때 순식간에 자유
자재로 새로운 디자인을 시험해 볼 수 있어.

이렇게 컴퓨터가 본격적으로 디자인 과정에 개입하면서 지금까
지와는 다른 건축 미학이 주목을 받기 시작했어. 말하자면 결과
로 드러나는 형태보다는 그 안에 숨어 있는 형태를 규정하는 알

고리즘, 즉 원리가 디자인의 대상이 되기 시작한 거야. 그런 과정을 거쳐 얻어진 형태는 가상의 디지털 공간에서는 쉽고 자연스럽게 보여도, 실제로 제작하기 위해서는 많은 노력을 들여야 하는 경우가 많아. 그래서 지금 세계 곳곳에서 전위적인 건축을 연구하는 많은 팀들이 3D 프린팅이나 로봇을 이용하여 디지털 미학을 쉽게 실현하는 방법을 연구하고 있지.

단지 새로운 형태만을 위해서 알고리즘과 패러미터를 이용하는 디자인을 추구하는 것은 아니야. 이미 우리 사회에 디지털 기술은 떼려야 뗄 수 없을 정도로 깊게 파고들어 있고, 건축은 이런 변화에 어떤 식으로든 대응을 해야 하는 거지.

디지털 기술의 특징 중 하나는 자동으로 대량의 데이터를 기록한다는 점인데, 예를 들자면 신용 카드 사용 내역 같은 거야. 이렇게 우리가 하는 대부분의 행동은 어떤 식으로든 디지털 기록으로 남을 가능성이 커. 이런 걸 빅데이터라고 하는데, 들어 본 적 있지? 요즘 도시 계획이나 건축 설계의 경향 중 하나는 이런 빅데이터를 이용해서 숨어 있는 사회 현상이나 패턴을 찾아 디자인 모티브로 삼으려는 시도야. 사람들의 행동을 통해 수집된 우리 사회 이면의 정보는 어떤 계획이 어디에 필요한지를 쉽고 합리적으로 판단하게 해 줄뿐더러, 또 적절한 과정을 통해 눈으로 직접 볼 수 있게끔 만들 경우 나름의 근거를 가진 디자인으로

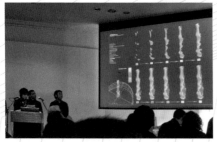

3D 프린팅 기술을 활용한 런던 AA 스쿨의 디자인 리서치 랩Design Research Lab 전시회

설득력을 갖게 된다는 장점이 있지.

또 다른 장점은 공학적인 측면에서 가장 효율적이고 적합한 안을 찾는 방법으로 이용될 수 있다는 거야. 알고리즘의 특징 중 하나는 반복 수행이 쉽다는 점인데, 결과값을 평가하는 기준을 만들고 이에 따라 다시 입력값을 조정하는 되먹임, 즉 피드백 회로를 만들어 주면 최적의 값을 찾을 때까지 계산을 반복하게 돼. 특정 조건에 딱 맞는 구조 방식이나 형태를 찾거나, 계절에 따라 햇빛을 조절해 에너지를 최대로 절약할 수 있는 창문 디자인을 찾을 때 정말 효과적인 방법이지. 이걸 형태 찾기, 즉 폼파인딩 form-finding이라고 해. 다시 말해 설계 조건이 하나의 문제라면 그 답이 어딘가 존재한다는 거고, 폼파인딩은 컴퓨팅 능력을 이용해 답을 찾아나가는 과정이야.

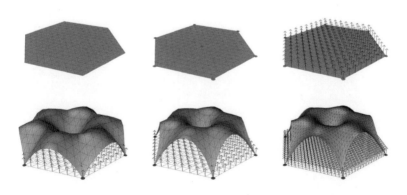

알고리즘을 이용한 폼파인딩의 사례

알고리즘을 바탕으로 한 디지털 기술은 지금도 건축 설계라는 전통적 직업의 환경을 매 순간 바꾸고 있어. 요즘처럼 땅에 대한 여러 가지 정보가 국가적 차원에서 관리되고 또 일반에게 공개되는 환경에서는 설계라는 창조적인 작업조차 알고리즘을 통해 자동화하려는 노력이 진행 중이야. 그 결과로 건축가들이 할 일을 인공지능에게 내주고 실업자가 될 것인지, 아니면 골치 아픈 일만 컴퓨터한테 맡기고 남는 시간에 더 가치 있는 일에 집중하게 될지는 아직 알 수 없어. 아빠는 새로운 기술이란 슬기롭게 쓰기만 하면 모두에게 이익을 줄 수 있는 긍정적 측면이 더 강하다고 믿기는 하지만 말이야.

아방가르드 건축의 꽃,
자하 하디드

서울 동대문역사문화공원역에 내리면 눈이 번쩍 뜨이는 건물이 하나 있어. 그래, 뭘 이야기하는지 알겠지? 바로 동대문디자인플라자Dongdaemun Design Plaza, 줄여서 DDP라고 부르지. 바로 이 DDP를 설계한 건축가가 이번 이야기의 주인공인 자하 하디드야. 미리 말해 두는데 그녀는 안타깝게도 2016년 67세의 나이로 세상을 떠났어. 건축의 변방이라 할 수 있는 이라크에서 태어나 여성으로는 최초로 프리츠커상과 영국 왕실의 기사 작위까지 받은 명실공히 당대 세계 최고의 건축가인지라, 많은 이들이 그녀의 때 이른 죽음을 슬퍼했지. 워낙 유명한 인물인 만큼 개인적인 삶을 좀 더 살펴보자.

서울의 랜드마크가 된 동대문디자인플라자와
대표적인 아방가르드 건축가 자하 하디드

우주선
같은 걸요!

밤에 보면
더욱 멋있는 DDP!

자하 하디드는 원래 수학을 전공했어. 유명한 건축가들 중에 처음부터 건축을 전공하지 않은 사람들이 의외로 많다는 이야기는 렘 콜하스를 설명할 때 이미 했지? 건축이 워낙 종합적인 분야라서 뭔가 다른 바탕을 가지고 있는 사람이 더 큰 가능성을 가지고 있는 걸지도 모르지. 어쨌든 그녀는 런던의 AA 스쿨에 입학해서 공부를 다시 시작해. 수많은 스타급 건축가들을 배출한 세계적인 건축 학교답게 학생들뿐만 아니라 선생들도 치열한 경쟁을 하는 분위기 속에서 자신의 재능을 갈고닦기 시작한 거야.

학풍이 워낙 그렇기도 하지만 그녀는 특히나 처음부터 지금까지 없던 새로운 건축을 만들어 내는 데 몰두했어. 그런 실험적인 건축은 짓겠다는 건축주가 없는 것도 문제지만, 실현시킬 기술력이 없는 것도 문제였지. 전통적인 방법으로는 모든 게 삐뚤빼뚤하고 복잡한 형태를 시공 가능한 도면으로 옮기는 데 어마어마한 노력이 들기 때문이야. 설계 자체도 새로운 조형 언어를 만들어 내는 것이 목적이었기 때문에 기본적 기능이나 공간의 효율성은 고려하지 않은 추상적 드로잉이 대부분이었어. 1980년대만 해도 이런 작업을 하는 건축가들은 대부분 실현된 작품이 없는 소위 '페이퍼 아키텍트 Paper Architect'인 경우가 많았지.

하디드의 작품이 처음 실현된 건 독일에 있는 비트라 소방서야. 비트라Vitra는 가구를 제작, 판매하는 가구 회사인데, 제조 공장에서 큰 화재가 발생한 이후 자체 소방서를 짓기로 결정했지. 가구 회사인 만큼 급진적인 디자인을 추구하는 건축가를 물색했고, 신인이나 다름없는 하디드를 선정하기에 이르렀어. 소방서지만 관공서가 아닌 민간 회사 내의 소방서인지라, 그녀는 종이

⇧ 자하 하디드의 첫 준공작인 비트라 가구 공장 단지 내 소방서
⇨ 자하 하디드의 또 다른 대표작인 헤이다르 알리예프 센터

위에만 그렸던 '날아가는' 디자인을 마음껏 펼쳤지.

이 소방서는 1993년에 완성되었는데, 반듯한 기하학의 체계를 벗어나 역동적인 움직임의 한순간을 정지시킨 것 같은 형태를 통해 주변의 풍경을 새롭게 정의하는 오브제로서의 건축을 만들어 냈어. 이렇게 건축물의 일관성이나 통일성, 중심성 같은 전통적 개념을 거부하고 직각을 벗어난 요소들을 서로 어긋나듯 구성해 파괴되는 모습이나 미완성인 듯한 상태를 보여 주는 경향을 '해체주의 건축'이라고 해.

현실과 동떨어져 있던 하디드의 건축이 빛을 발하기 시작한 건 컴퓨터로 3D(3차원) 모델을 만드는 기술이 발달하기 시작하면서야. 3D 모델은 컴퓨터의 힘을 빌려 설계한 내용을 쉽게 2D(2차원) 도면으로 옮길 수 있는 장점이 있어. 하지만 그녀가 관심을 기울인 지점은 단순히 3D를 2D로 표현하는 도구가 아닌, 형태를 생성하는 창작 도구로서 컴퓨터가 가진 가능성이었지. 특히 곡면으로 이루어진 비정형적인 형태를 쉽게 다루는 소프트웨어가 등장하면서 하디드의 상상력은 날개를 달았어. 이런 변화는 2000년대 초반부터 서서히 나타나는데, 가장 정점을 이룬 작품이 아제르바이젠의 수도 바쿠에 있는 헤이다르 알리예프 센터와 서울의 DDP라고 할 수 있어.

하디드가 컴퓨터를 설계에 적극적으로 이용하기 시작했을 때부터 패러메트릭 디자인에 대한 구체적인 인식이 있었던 것 같지는 않아. 아마도 비정형적인 형태를 구상하고 다듬는 과정에서 컴퓨터가 가진 막강한 모델링 능력이 먼저 필요했겠지. 하지만 그런 프로젝트를 시공하기 위해서는 곡면을 실제 재료의 특징에 맞게 분할하는 과정이 반드시 필요한데, 바로 이때 패러미터를 이용한 알고리즘을 적용하면 시간과 비용을 엄청나게 절약할 수 있어. 이런 작업을 '패널링'이라고 하는데, 패러메트릭 디자인을 공부하면 가장 먼저 익히게 되는 핵심 기법 중 하나야. 실제

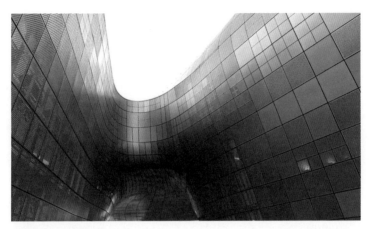

DDP의 다양한 패널들

로 DDP는 4만 5천 장이 넘는 서로 다른 알루미늄 패널로 덮여 있어. 패널이 서로 다르다는 것은 다른 건물과 차별화할 수 있다는 장점이 되기도 하지만 동시에 그만큼 시공에 많은 비용이 든다는 단점이 되기도 해. 어쨌거나 DDP의 외벽을 보면 밋밋한 패널과 분할 패턴이 그려진 패널, 또 작은 구멍이 송송 뚫린 패널 등 여러 종류가 있고 자세히 보면 색도 한 가지가 아니야. 이런 몇 가지 특징이 조합을 이루어 더 많은 종류의 패널을 만들어 내지.

사실 DDP의 패널 시공에는 더 큰 어려움이 있었는데, 그건 바로 곡면 패널이 가진 특징 때문이었어. 패널에 가로와 세로 두 개의 방향이 있다고 가정하면, 한 방향으로 휘어진 패널과 두 방향으로 다 휘어진 패널로 나눌 수가 있지. 한 방향으로 휘어진 패널은 전통적인 방법으로 제작하는 것이 가능하지만, 양 방향으로 휘어진 패널은 일종의 뒤틀린 면이기 때문에 원 설계대로 정교하게 제작하는 일이 무척 어려워. DDP는 이를 위해 시공 전에 상세한 디지털 모델을 통해 시공 과정을 시뮬레이션해 보는 첨단 빌딩 정보 모델링Building Information Modeling, 즉 BIM 기술을 적용했지. 고유 번호가 붙은 패널 하나하나의 정확한 디지털 데이터가 몇 개의 단계를 거쳐 멀티포인트 포밍Multi-Point Forming이라는 장치로 전달이 돼. 이 장치가 평평한 금속판을 눌러 설계된 곡률을 그대로 만들어 내고, 이후 레이저 커팅 등의 재단 과정을 거쳐 하나의 패널로 완성하는 거야. DDP는 우리나

멀티포인트 포밍 장치

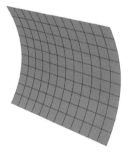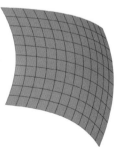

일 방향 곡면(좌)과
양 방향 곡면(우)

라 최초로 이러한 공법을 적용한 건물인데, 4만 5천 장이 넘는 패널을 만드는 데만 1년 6개월이 걸렸다고 해.

결국 중요한 건 3D 모델링과 패러메트릭 디자인, BIM 같은 디지털 기술의 발달이 새로운 건축 미학의 장을 열었다는 거야. 컴퓨터의 발달이 단지 예전에 하던 작업의 효율을 높이는 것에 그치지 않고, 컴퓨터를 써야만 설계할 수 있고 또 시공까지 가능한 건축의 영역을 개척했다는 뜻이지.

또 하나 생각해 볼 점은 건축과 관련된 산업 구조가 아직 새로운 건축 미학을 온전히 받아들일 정도로 성숙하지 않았다는 거야. 한마디로 패러메트릭 디자인으로 설계한 건축은 시공비가 많이 든다는 이야기지. 큰 규모의 사업일수록 공사비가 늘어나는 거야 드문 일은 아니지만 DDP는 까다로운 비정형 설계로 처음 예상 공사비보다 두 배 가까이 들이고서야 완성될 수 있었어. 패러메트릭 디자인의 효율성과 미학을 유지하면서도 시공비의 상승을 막는 방법은 없을까 고민이 필요한 지점이지. 한 가지 분명한 것은 새로운 것이 가능해졌기 때문에 건축가들은 전보다 더 바빠졌다는 거야. 곰곰이 따져 보면 역사적으로 기술의 진보가 사람들에게 더 많은 여가 시간을 주기는커녕 더 많은 할 일을 던져 준 사례가 드문 것은 아니지만 말이야.

특이한 외형 때문에 친근한 외계인이라는 별명으로도 불리는 쿤스트하우스 그라츠

　한 가지 더 고민할 문제가 있어. 과연 이런 외계에서 온 우주선 같은 DDP의 형태가 나름의 역사와 맥락을 가진 도시에 어울리느냐는 거지. 영국의 아방가르드 건축가로 널리 알려진 피터 쿡의 대표작 '쿤스트하우스 그라츠'가 오스트리아의 고색창연한 그라츠 구도심에 처음 들어섰을 때 시민들이 느꼈을 이질감을, 2014년 DDP가 동대문운동장을 지우고 들어섰을 때 서울 시민들도 느꼈을 거야. 물론 우리나라 건축계에서도 많은 토론과 논쟁이 있었어. 하지만 대부분의 일들이 그렇듯 시간이 모든 걸 정리해 줄 거야. 마치 130년 전 파리에 에펠탑이 들어섰을 때의 논란이 지금은 아무 의미가 없는 것처럼 말이야.

자하 하디드의 **파트너 패트릭 슈마허**

자하 하디드를 말할 때 빼놓을 수 없는 사람이 하나 있는데, 바로 파트너 건축가 패트릭 슈마허야. 그는 하디드 최초의 준공작인 비트라 소방서부터 같이 작업을 해 온 인물로, 하디드가 세상을 떠난 지금 자하 하디드 건축설계사무소를 이끌고 있지. 자하 하디드가 자유로운 영혼을 가진 디자이너로 건축은 물론 다른 영역에서도 주목을 받으며 세계적 명사로 활동해 왔다면, 슈마허는 패러메트릭 디자인을 선두에 서서 개척하는 데 많은 노력을 기울였어.

AA 스쿨에서 이 분야를 전문적으로 연구하는 AA DRL(Design Research Lab) 과정을 만든 것도 슈마허의 큰 공로라고 할 수 있지. AA DRL의 홈페이지나 인스타그램을 훑어보면 과연 이런 걸 건축이라고 정의할 수 있을까 싶은 기괴하고 전위적인 작업들을 만날 수 있어. 사실 근현대 건축사를 살펴보면 AA 스쿨은 정식 학제로부터 자유롭다는 점을 발판 삼아 아방가르드 건축을 선두에서 이끌어 왔다는 것을 알 수 있지. 건축가 세드릭 프라이스나 피터 쿡, 그리고 그가 만든 건축 집단 아키그램을 인터넷에서 검색해 보면 아, 이런 건축도 있었구나 하고 놀라게 될 거야. 이런 흐름이 명맥을 이어 왔기에 오늘날 자하 하디드의 건축이 세계 곳곳에 설 수 있게 된 거지.

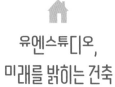

유엔스튜디오,
미래를 밝히는 건축

유엔스튜디오는 네덜란드에서 태어나 AA 스쿨에서 공부한 건축가 벤 판 베르켈이 아내 캐롤라인 보스와 같이 설립한 건축설계 사무소야. 좀 특이한 점이라면 캐롤라인 보스는 건축이 아니라 예술사를 전공했다는 것인데, 유엔스튜디오의 이론 영역을 맡아 작품의 분석과 비평에 집중한다고 해.

유엔스튜디오의 작품을 살펴보면 지적인 깊이가 느껴지는 경우가 많은데, 철학과 수학, 과학에 걸쳐 다양한 이론과 현상에 주목하고 이를 건축 작업의 출발점으로 삼고 있어. 그렇기 때문에 겉으로는 하나의 스타일로 정의 내리기 쉽지 않지만, 자세히 들여다볼수록 그 아이디어의 깊이에 감탄하게 되고 역시 유엔스튜디오 작품이구나 하는 생각이 들게 하지.

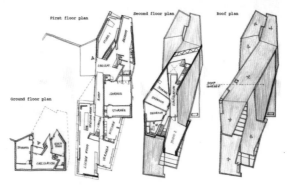

네덜란드 암스테르담 근교에 자리 잡은 뫼비우스 주택과 그 도면

    뫼비우스 주택과 네덜란드 아른헴 중앙역은 유엔스튜디오의
초기 대표작들로, 수학의 한 분야인 위상 기하학에 자주 등장하
는 '뫼비우스의 띠'와 원기둥을 반 바퀴 꼬아서 한쪽 원을 다른 쪽
원에 붙인 모양의 '클라인 병'을 건축 공간으로 구현했어. 특히 뫼
비우스의 띠는 2차원의 면을 3차원의 공간에서 꼬아 무한 루프
를 만든 거라 3차원 공간으로 다시 만들기가 쉽지 않았을 텐데,
기다란 두 공간을 서로 꼰 다음 양 끝의 공간을 연결하는 방식으

209

로 순환하는 내부 공간을 가진 현대적인 주택을 완성했지.

공간의 위상학적 특성을 건축의 핵심 아이디어로 삼으려는 노력이 정점에 달한 건 바로 독일에 있는 메르세데스-벤츠 박물관이야. 외관만 봐서는 곡면과 사선 형태의 띠창을 두른 둥글둥글한 건물 정도로만 보일 거야. 그런데 내부 공간을 살펴보면, 벤츠의 로고인 삼각별을 상징하듯 트레포일trefoil이라 불리는 바닥판을 몇 개 층에 걸쳐 배치하고 이걸 DNA 구조처럼 이중 나선이 되게끔 서로 연결해서 독창적인 공간을 만들어 냈어. 그렇게 해서 만들어진 구조는 개념 모형을 한참 들여다봐도 잘 이해가 가지 않을 것처럼 생겼는데, 요소가 많아서 복잡한 것이 아니라 각 요소가 만드는 관계와 연결 방식이 일상적인 사물에 익숙한 사람들의 인식 범위를 넘어서기 때문이 아닐까 해.

더 놀라운 건 실제로 박물관을 가 보면 이런 구조의 난해함이 전혀 부담스럽게 다가오지 않는다는 거야. 박물관의 전시 내용

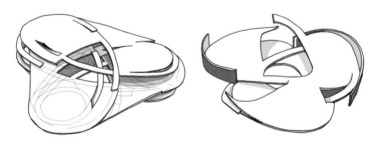

메르세데스-벤츠 박물관의 개념 모형

메르세데스-벤츠 박물관의 외관과
내부 계단

이 두 개의 축으로 이어져 있기 때문에, 이런 이중 나선 구조가 오히려 건물이 가진 프로그램과 유기적으로 통합되어 방문객들이 자연스러운 경험을 할 수 있도록 배려되어 있지.

이렇게 층의 구분이 명확하지 않은 건물은 지금까지 하던 설계 방식으로는 정확한 도면을 그리기가 어려워. 특히 요소 간의 관계가 대부분 3차원 공간에서 결정되는 상황에서는 초기 단계에서부터 공사에 사용될 실시 도면을 그릴 때까지 3D 모델이 절대적으로 필요해. 메르세데스-벤츠 박물관의 놀라운 완성도는 이런 디지털 기술을 극한으로 활용했기 때문에 가능했어.

유엔스튜디오의 또 다른 명성은 표면에 대한 탐구에서 비롯돼. 표면이 건축에서 중요한 화두로 등장한 건 근대 건축 이후로 볼 수 있어. 표면surface이라는 단어 말고도 외피skin나 포장envelope 등 우리말이나 영어 모두 여러가지 표현이 있지. 표면은 쉽게 말해 건물의 외부와 내부를 구분하는 경계로, 외벽이나 창문처럼 단열과 방수를 책임지는 물리적 존재를 말해. 하지만 여기서 그치지 않고 외부 환경에 반응하면서 건물의 도시적, 사회적 의미를 전달하는 인터페이스로서의 개념이 중요하게 다루어지고 있어. 나아가 유엔스튜디오나 렘 콜하스, 자하 하디드와 같은 비정형 아방가르드 건축가들 사이에서는 아예 바닥과 벽, 천장 구분 없이 건축의 형태와 공간을 동시에 정의하는 핵심 요

리뉴얼을 통해 새로 태어난 압구정동 갤러리아 백화점

소로 취급되기도 하지.

우리나라에서 유엔스튜디오가 이름을 처음 알린 계기가 되었던 건 2004년 완성된 압구정동 갤러리아 백화점 외관 리뉴얼 설계를 맡으면서야. 특수한 도료를 입혀 빛에 따라 색이 변하는 80센티미터 크기의 유리 원판을 비늘처럼 기존 건물 외벽에 붙였지. 또 유리 뒤에 LED 조명을 넣어서 밤이 되면 화려한 영상을 뿜내는 미디어 월media wall로도 변신할 수 있게 했어. 이런 표면의 변화를 통해 근엄하면서 고급스러운 이미지로 도시에 대해 닫힌 태도를 취하던 백화점을 환경에 반응하고 또 영향을 주기도 하는 역동적인 오브제로 다시 탄생시킨 거야. 이때의 인연으로 천안의 갤러리아 백화점도 유엔스튜디오가 설계를 맡아 완성하지.

특히 이번 이야기에서 관심 깊게 들여다보려고 하는 작업은 서울 한복판에 있는 한화그룹 본사 사옥 리모델링 프로젝트야. 갤러리아의 성공 덕에 우리나라에서는 유엔스튜디오가 리모델링을 잘하는 건축설계사무소 정도로 알려졌을지도 모르겠어. 틀린 말은 아니지만 밖으로 눈을 돌려 보면 세계 각지에서 많은 대형 프로젝트를 완성했거나 진행하고 있는 인기 절정의 사무실이야. 어쨌거나 서울 중구에 자리 잡은 한화그룹 본사 사옥은 1980년대에 지어진 건물로, 리모델링 전에는 수평 띠창을 가진 전형적인 오피스 빌딩의 모습을 하고 있었어.

유엔스튜디오의 벤 판 베르켈은 지속 가능한 환경 기술에 집중하고 있는 기업의 방향성에 따라 입면을 통한 에너지의 절약을 중요한 목표로 삼았지. 하지만 그 패턴을 만들기 위해서 주어진 조건에 따라 반응하는 패러미터 기반의 전략을 선택했어. 사무실, 회의실, 임원실 같은 내부의 기능이 일차적인 입면 모듈의 성격을 정하는 패러미터로 선택되었고, 자연광을 조절하는 차양의 형태와 태양광 패널 설치 여부가 모듈을 구성하는 추가 패러미터가 되었지. 마구잡이로 면을 나눈 것처럼 보이지만, 사실은 복잡하면서도 논리 정연한 알고리즘에 의해 만들어졌다는 이야기야.

먼저 정형과 비정형을 합해 총 열여덟 개의 세부 모듈을 설정

친환경적인 방식으로 리모델링을 마친 한화그룹 본사 사옥

한 다음, 이것들을 조합해 아홉 개의 세트 모듈을 만들고, 앞서 설정한 패러미터와 규칙에 따라 모듈의 배치를 결정했지. 이런 패러메트릭 디자인 툴의 핵심은 형태로 드러나는 결과물을 바로 디자인하는 것이 아니라 그 디자인을 결정하는 논리, 즉 알고리즘을 디자인한다는 데 있어. 이 프로젝트에서 보이듯 그 논리가 내부 기능에 대한 고려나 에너지 절약과 같은 탄탄하고 객관적인 근거에서 출발할수록 건축가의 설계가 설득력을 가질 수 있지.

어떤 사람들은 패러메트릭 디자인을 일종의 자동화 과정으로 보고, 디자이너의 역할에 대해 의문을 품기도 해. 그도 그럴 것이, 알고리즘을 이루는 하나하나의 단위 명령어 모듈은 일종의 보편적인 언어로, 건축가가 의도한 형태의 정보를 직접 드러내지는 않거든. 대신 이런 개별 부품들이 모여서 인간의 두뇌로는 처리하기 어려운 복잡한 연산을 수행하는 방식으로 예측하기 어려운 새로운 형태를 만들어. 특별히 이런 방식을 취하는 디자인 전략을 제너러티브 디자인generative design이라고 해. 복잡한 생명체가 단순한 수정란에서부터 발화하듯 자기발생적인 형태 생성 과정을 통해 새로운 디자인을 추구하는 거야.

하지만 벤 판 베르켈이 어느 인터뷰에서 밝혔듯이, 패러메트릭 디자인으로 최적의 디자인을 도출하기 위해서는 건축가가 매 단계마다 적극적으로 개입해야 해. 명확한 의도와 목표 아래 매

단계마다 정확한 통제가 이루어져야 한다는 뜻이지. 이때 패러메트릭 디자인 툴은 엄청난 속도와 효율로 건축가의 작업을 도울 수 있는 최적의 도구가 될 수 있어.

또 베르켈은 패러메트릭 디자인을 새로운 건축 양식으로 오해해서는 안 된다고 말해. 컴퓨터가 만들어 내는 복잡한 형태나 패턴이 시각적으로 새롭고 또 강렬한 자극을 주기 때문에 어떤 트렌드처럼 받아들여질 수 있어. 또 어떤 건축 양식도 주도권을 갖지 못하는 다가치적인 현대 사회에 모두가 동의할 만한 새로운 건축 양식이 등장하기를 바라는 사람들이 있는 것도 사실이야. 하지만 패러메트릭 디자인의 본질은 다양하고 복잡한 문제에 대해 정교하고 현실적인 해결책을 빨리 찾는 능력에 있다는 걸 잊지 말아야 해. 겉모습이 주는 인상에 현혹되기 시작하면 어떤 디자인 방법론이든 쉽게 생명력을 잃기 때문이야. 포스트모더니즘의 날카로운 비판적 시각도 얼마 지나지 않아 과거 양식의 값싼 모방으로 전락해서 상업적 건축의 장식으로 소모되었듯이 말이야.

물론 그들의 모든 작업이 이런 비판에서 완전히 자유롭지는 않지만, 지금까지의 행보를 볼 때 현재의 기술력이 가진 가능성을 비판적으로 수용하면서 미래를 향한 새로운 건축의 지평을 넓히는 최전선에 유엔스튜디오가 서 있는 것만큼은 틀림없는 것 같아.

건축가가 되고 싶다면

아빠가 일단 들려주고 싶은 이야기는 여기까지인 것 같아. 욕심이 살짝 앞서서 조금 어려운 이야기를 한 것이 아닌가 걱정이 되기도 하네. 그래도 아빠가 하는 일이 어떤 일인지, 무엇을 가지고 고민을 하는지 어렴풋이 이해가 되었을 거라 믿어. 이제 책을 읽기 전만큼 건축이 어렵거나 막연하게 느껴지지 않는다면 아빠는 대만족이야.

건축은 다른 창작 활동과 달리 예술이기도 하고 동시에 산업이기도 해. 바로 그런 특징 때문에 바라보는 관점이 한 가지일 수 없고, 그래서 어렵게 느껴지기도 하는 것 같아. 그건 건축물을 사용하거나 평가하는 쪽은 물론 직접 만들어 내는 건축가에게도 마찬가지야. 건축이 담아내야 하는 현실적인 기능이 엄연히 있고, 또 건축에 필요한 비용은 건축주가 부담하기 때문에 다른 예술 분야처럼 건축가가 모든 것을 마음대로 할 수는 없어. 더구나 그것이 실현되기 위해서는 시공사의 손을 거쳐야 한다는 점도 무시할 수 없는 요인이지. 게다가 그런 조건은 모든 건축물이 제각각 달라. 그래서 만들어진 결과물도 아주 평범한 일상의 건물에서부터 전율과 감동을 주는 뛰어난 작품에 이르기까지 엄청나게 다양한 거야.

그래도 한 가지 공통점이 있다면 그 모든 결과물은 결국 우리가 사는 사회의 반영이라는 거야. 건축물은 서 있을 땅이 필요하기 때문에 그 땅에 얽힌 역사와 경제, 문화의 조건이 건축과 직접적인 관계를 맺는 것은 당연한 이치인 셈이지. 나아가 건축물이 드러나는 방식은 그것이 의식적이든 무의식적이든 이 시대의 미학과 가치관을 반영하게 된다는 건 앞에서 여러 차례 설명했지? 그래서 건축을 제대로 이해하기 위해서는 건축물을 세우는 기술과 쓸모 있는 공간을 만드는 능력 말고도 우리가 사는 사회의 여러 면모를 깊게 알고 있어야 해. 건축을 인문학의 테두리에 포함시키자는 주장도 이런 맥락에서 나온 것이지.

건축이라는 분야가 이렇게 복합적이기 때문에 건축가 또한 다양한 능력을 갖출 필요가 있어. 미적 감각, 공학 기술에 대한 이해, 표현 도구를 잘 다룰 줄 아는 능숙함, 개념을 떠올리고 이를 다듬어 나가는 끈기, 사람들을 설득하고 내 편으로 만드는 카리스마, 조직을 이끌고 운영하는 노하우…. 꼽자면 정말 많지. 요즘 만만한 전문직이 과연 있겠냐마는 건축을 잘하기 위해 갖추어야 할 능력의 다양함은 건축가인 아빠가 보아도 새삼 놀라워.

혹시 이 책을 읽고 건축을 해 볼까 하는 마음이 조금이라도 생겼다면, 이런 능력을 키우기 위해서 과연 무엇부터 시작해야 할지 궁금한 마음이 생겼을 거야. 모든 공부가 마찬가지겠지만, 일단은 책을 많이 읽고 생각하는 힘을 기르는 것이 중요해. 인문학은 물론이고 자연 과학에 대한 책도 세상에 대한 이해를 넓히는 데 꼭 필요하지. 너무 빤한 이야기 아니냐고? 그럴지도 모르지만 그만큼 지식의 바탕을 다지는 일은 무슨 일을 하든 기본이 된다는 이야기를 하는 거야.

그다음은 여행을 많이 다니라고 말해 주고 싶어. 건축은 실제로 존재하는 대상이고, 세상에 사람을 감동시키는 건축 작품은 정말 많아. 그리고 그런 감동은 직접 가서 느껴 보지 않으면 결코 알 수 없지. 이 책을 준비하면서 나중에 마음먹으면 직접 가 볼 수 있게 우리나라에 있는 건축물을 여럿 넣으려고 했던 것도 그런 의도였어.

좀 더 건축을 진지하게 공부할 생각이 있으면 답사를 다니면서 만난 장소와 공간을 직접 그려 보는 것도 좋아. 그리고 아직은 서툴 수 있겠지만 건축의 표현 수단인 평면이나 입면과 같은 도면으로 옮겨 봐도 좋고. 작은 줄자를 가지고 다니면서 직접 맞닥뜨리는 것들의 크기를 재어 보면 더 많은 공부가 되겠지.

또 하나 덧붙이면 비판적인 시각을 키우라는 거야. 그냥 주어진 것에 만족하지 않고 주변 환경에 대해 끊임없이 질문을 하다 보면, 뜻밖에도 별 이유 없이 관행적으로 벌어지는 일들이 꽤 많다는 걸 깨닫게 되지. 이런 발견이 쌓이면 나중에 건축가가 되었을 때 중요한 자산이 된다는 말씀.

정말 마지막으로, 무엇을 하든 최대한 즐기면서 했으면 해. 즐거움을 알아야 즐거움을 주는 건축을 할 수 있는 거니까 말이야.

참고한 글들

기사

이재명, "공공건축 10년의 마법, 인구 10만 소도시 되살리다," 「서울경제」 2019.3.13. (인터넷)

조성준, "박정희에 맞섰던 김중업, 김수근과 다른 길을 걸었던 건축가," 「매일경제」 2019.2.28. (인터넷)

배양숙, "자하 하디드 건축사무소 대표와 한국의 두 젊은 건축가에게 '건축의 길'을 묻다," 「중앙일보」 2017.10.24 (인터넷)

김성윤, "논 한가운데 UFO가 나타났다? 건축가 윤승현이 지은 조제리보건소," 「조선일보」 2013.7.10 (인터넷)

정기간행물

박소현 & 김아연 외, "세종살이 1년, 도시읽기 1년," 「SPACE」 CNB미디어, 2020.3

Ben van Berkel & 이성제, "한화그룹 본사 사옥 리모델링," 「SPACE」 CNB미디어, 2019.9

조준배, "영주시 공공건축가 제도의 실험과 성과," 「건축과 도시공간」 건축도시공간연구소, 2013.9

William J. R. Curtis, "A Conversation with RCR Aranda Pigem Vilalta Arquitectes," El Croquis: RCR Arquitectes 2007/2012, 2012

이창호, "프리츠커상을 수상한 최초의 여성 건축가, 자하 하디드의 비트라 소방서," 「Luxmen」 매일경제, 2011.10

논문

정강 & 권제중, "왕슈의 건축에서 나타나는 중국 강남지역 전통 민가의 계승과 발전에 관한 연구," 「대한건축학회논문집 통권 325호」 2015.11

김정동, "김중업의 주한프랑스대사관, 그 후," 「한국건축역사학회 추계학술발표대회 논문집」 2013.11

이승환, "비판적 지역주의 건축의 표현 특성에 관한 연구," 서울대학교 대학원 석사학위논문, 2001

단행본

Arturo Tedeschi, 「AAD: Algorithms-Aided Design」 Le Penseur, 2014

황철호, 「건축을 시로 변화시킨 연금술사들」 동녘, 2013

이건섭, 「20세기 건축의 모험」 수류산방중심, 2006

사진 제공 및 저작권

나의 한 글자 07 집

건축가 아빠가 들려주는 건축 이야기

초판 1쇄 발행 2022년 4월 15일
초판 3쇄 발행 2024년 5월 27일

지은이 이승환
그린이 나오미양
펴낸이 이수미
기획 이해선
편집 김연희
북 디자인 하늘민
마케팅 임수진

종이 세종페이퍼   인쇄 두성피엔엘   유통 신영북스

펴낸곳 나무를 심는 사람들
출판신고 2013년 1월 7일 제2013-000004호
주소 서울시 용산구 서빙고로 35. 103동 804호
전화 02-3141-2233   팩스 02-3141-2257
이메일 nasimsabooks@naver.com
블로그 blog.naver.com/nasimsabooks
인스타그램 instagram.com/nasimsabook

ⓒ 이승환, 2022
ISBN 979-11-90275-67-5
　　　979-11-86361-59-7(세트)